作者像

国家出版基金项目
NATIONAL PUBLICATION FOUNDATION

潘家铮全集

第十二卷
科普作品集

中国电力出版社
CHINA ELECTRIC POWER PRESS

内 容 提 要

《潘家铮全集》是我国著名水工结构和水电建设专家、两院院士潘家铮先生的作品总集，包括科技著作、科技论文、科幻小说、科普文章、散文、讲话、诗歌、书信等各类作品，共计18卷，约1200万字，是潘家铮先生一生的智慧结晶。他的科技著作和科技论文，科学严谨、求实创新、充满智慧，反映了我国水利水电行业不断进步的科技水平，具有重要的科学价值；他的文学著作，感情丰沛、语言生动、风趣幽默。他的科幻故事，构思巧妙、想象奇特、启人遐思；他的杂文和散文，思辨清晰、立意深邃、切中要害，具有重要的思想价值。这些作品对研究我国水利水电行业技术进步历程，弘扬尊重科学、锐意创新、实事求是、勇于担责的精神，都具有十分重要的意义。《潘家铮全集》是国家"十二五"重点图书出版项目，国家出版基金资助项目。

本书是《潘家铮全集 第十二卷 科普作品集》，主要收录潘家铮先生1991年水电科普作品《发电》和2000年院士科普丛书之一《千秋功罪话水坝》，以科普作品易于理解的文字风格，向社会上的广大读者，尤其是向广大的青少年们，正确传达水电知识、水利发展历史，既是将中国几千年文化中关于"水"的文化予以科普，也是期望消除社会上负面言论给百姓带来的误解。

本书可供关心、关注我国水力发电事业以及潘家铮先生个人生平的各界人士阅读。

图书在版编目（CIP）数据

潘家铮全集. 第12卷，科普作品集 / 潘家铮著. —北京：中国电力出版社，2016.5
ISBN 978-7-5123-7952-7

Ⅰ. ①潘⋯　Ⅱ. ①潘⋯　Ⅲ. ①潘家铮（1927～2012）—文集②自然科学—普及读物　Ⅳ. ①TV-53②N49

中国版本图书馆 CIP 数据核字（2015）第 144267 号

出版发行：中国电力出版社（北京市东城区北京站西街 19 号　100005）
网　　址：http://www.cepp.sgcc.com.cn
经　　售：各地新华书店

印　　刷：北京盛通印刷股份有限公司
规　　格：787 毫米×1092 毫米　16 开本　11.75 印张　246 千字　1 插页
版　　次：2016 年 5 月第一版　2016 年 5 月北京第一次印刷
印　　数：0001—2000 册
定　　价：55.00 元

《潘家铮全集》分卷主编

全集主编：陈厚群

序号	分 卷 名	分卷主编
1	第一卷 重力坝的弹性理论计算	王仁坤
2	第二卷 重力坝的设计和计算	王仁坤
3	第三卷 重力坝设计	周建平 杜效鹄
4	第四卷 水工结构计算	张楚汉
5	第五卷 水工结构应力分析	汪易森
6	第六卷 水工结构分析文集	沈凤生
7	第七卷 水工建筑物设计	邹丽春
8	第八卷 工程数学计算	张楚汉
9	第九卷 建筑物的抗滑稳定和滑坡分析	曹征齐
10	第十卷 科技论文集	王光纶
11	第十一卷 工程技术决策与实践	钱钢粮 杜效鹄
12	第十二卷 科普作品集	郇凤山
13	第十三卷 科幻作品集	星 河
14	第十四卷 春梦秋云录	李永立
15	第十五卷 老生常谈集	李永立
16	第十六卷 思考·感想·杂谈	鲁顺民 王振海
17	第十七卷 序跋·书信	李永立 潘 敏
18	第十八卷 积木山房丛稿	鲁顺民 李永立 潘 敏

《潘家铮全集》编辑出版人员

编 辑 组

杨伟国	雷定演	安小丹	孙建英	畅　舒	姜　萍
韩世韬	宋红梅	刘汝青	乐　苑	娄雪芳	郑艳蓉
张　洁	赵鸣志	孙　芳	徐　超		

审 查 组

| 张运东 | 杨元峰 | 姜丽敏 | 华　峰 | 何　郁 | 胡顺增 |
| 刁晶华 | 李慧芳 | 丰兴庆 | 曹　荣 | 梁　卉 | 施月华 |

校 对 组

黄　蓓	陈丽梅	李　楠	常燕昆	王开云	闫秀英
太兴华	郝军燕	马　宁	朱丽芳	王小鹏	安同贺
李　娟	马素芳	郑书娟			

装 帧 组

| 王建华 | 李东梅 | 邹树群 | 蔺义舟 | 王英磊 | 赵姗姗 |
| 左　铭 | 张　娟 | | | | |

总序言

　　潘家铮先生是中国科学院院士、中国工程院院士，我国著名的水工结构和水电建设专家、科普及科幻作家，浙江大学杰出校友，是我敬重的学长。他离开我们已经三年多了。如今，由国家电网公司组织、中国电力出版社编辑的 18 卷本《潘家铮全集》即将出版。这部 1200 万字的巨著，凝结了潘先生一生探索实践的智慧和心血，为我们继承和发展他所钟爱的水利水电建设、科学普及等事业提供了十分重要的资料，也为广大读者认识和学习这位"工程巨匠""设计大师"提供了非常难得的机会。

　　潘家铮先生是浙江绍兴人，1950 年 8 月从浙江大学土木工程专业毕业后，在钱塘江水力发电勘测处参加工作，从此献身祖国的水利水电事业，直到自己生命的终点。在长达 60 多年的职业生涯里，他勤于学习、善于实践、勇于创新，逐步承担起水电设计、建设、科研和管理工作，在每个领域都呕心沥血、成就卓著。他从 200 千瓦小水电站的设计施工做起，主持和参与了一系列水利水电建设工程，解决了一个又一个技术难题，创造了一个又一个历史纪录，特别是在举世瞩目的长江三峡工程、南水北调工程中发挥了重要作用，为中国水电工程技术赶超世界先进水平、促进我国能源和电力事业进步、保障国家经济社会可持续发展做出了突出贡献，被誉为新中国水电工程技术的开拓者、创新者和引领者，赢得了党和人民的高度评价。他的光辉业绩，已经载入中国水利水电发展史册。他给我们留下了极其丰富而珍贵的精神财富，值得我们永远缅怀和学习。

　　我们缅怀潘家铮先生奋斗的一生，就是要学习他求是创新的精神。求是创新，是潘先生母校浙江大学的校训，也是他一生秉持的科学精神和务实作风的最好概括。中国历史上的水利工程，从来就是关系江山社稷的民心工程。水利水电工程的成败安危，取决于工程决策、设计、施工和管理的各个环节。

潘家铮先生从生产一线干起，刻苦钻研专业知识，始终坚持理论联系实际，坚守科学严谨、精益求精的工作作风。他敢于向困难挑战，善于创新创造，在确保工程质量安全的同时，不断深化对水利水电工程所蕴含经济效益、社会效益、生态效益和文化效益等综合效益的认识，逐步形成了自己的工程设计思想，丰富和提高了我国水利水电工程建设的理论水平和实践能力。作为三峡工程技术方面的负责人，他尊重科学、敢于担当，既是三峡工程的守护者，又能客观看待各方面的意见。在三峡工程成功实现蓄水和发电之际，他坦诚地说："对三峡工程贡献最大的人是那些反对者。正是他们的追问、疑问甚至是质问，逼着你把每个问题都弄得更清楚，方案做得更理想、更完整，质量一期比一期好。"

我们缅怀潘家铮先生多彩的一生，就是要学习他海纳江河的胸怀。大不自多，海纳江河。潘家铮先生一生"读万卷书，行万里路"，以宽广的视野和博大的胸怀做事做人，在科技、教育、科普和文学创作等诸多领域都卓有建树。他重视发挥科技战略咨询的重要作用，为国家能源开发、水资源利用、南水北调、西电东送等重大工程建设献计献策，促进了决策的科学化、民主化。他关心工程科技人才的教育和培养，积极为年轻人才脱颖而出创造机会和条件。以其名字命名的"潘家铮水电科技基金"，为激励水电水利领域的人才成长发挥了积极作用。他热心科学传播和科学普及事业，一生潜心撰写了100 多万字的科普、科幻作品，成为名副其实的科普作家、科幻大师，深受广大青少年喜爱。用他的话说，"应试教育已经把孩子们的想象力扼杀得太多了。这些作品可以普及科学知识，激发孩子们的想象力。"他还通过诗词歌赋等形式，记录自己的奋斗历程，总结自己的心得体会，抒发自己的壮志豪情，展现了崇高的精神境界。

我们缅怀潘家铮先生奉献的一生，就是要学习他矢志报国的信念。潘家铮先生作为新中国成立之后的第一代水电工程师，他心系祖国和人民，殚精竭虑，无私奉献，始终把自己的学习实践、事业追求与国家的需要紧密结合起来，在水利水电建设战线大显身手，也见证了新中国水利水电事业发展壮大的历程。经过几十年的快速发展，我国水力发电的规模从小到大，从弱到强，已迈入世界前列。中国水利水电建设的辉煌成就和宝贵经验，在国际上的影响是深远的。以潘家铮先生为代表的中国科学家、工程师和建设者的辛勤付出，也为探索人类与大自然和谐发展道路做出了积极贡献。在中国这块大地上，不仅可以建设伟大的水利水电工程，也完全能够攀登世界科技的高峰。潘家铮先生曾说过："吃螃蟹也得有人先吃，什么事为什么非得外国先做，然后我们再做？"我们就是要树立雄心壮志，既虚心学习、博采众长，又敢于创新创造、实现跨越发展。潘家铮先生晚年担任国家电网公司的高级顾问，他在病房里感人的一番话，坦露了自己的心声，更是激励着我们为加快建设创新型国家、实现中华民族伟大复兴的中国梦而加倍努力——"我已年逾耄耋，病废住院，唯一挂心的就是国家富强、民族振兴。我衷心期望，也坚决相信，在党的领导和国家支持下，我国电力工业将在特高压输电、智能电网、可再生能源利用等领域取得全面突破，在国际电力舞台上处处有'中国创造''中国引领'。"

最后，我衷心祝贺《潘家铮全集》问世，也衷心感谢所有关心和支持《潘家铮全集》编辑出版工作的同志！

是为序。

徐勇祥

2016 年清明节于北京

总 前 言

一

　　潘家铮（1927 年 11 月～2012 年 7 月），水工结构和水电建设专家，设计大师，科普及科幻作家，水利电力部、电力工业部、能源部总工程师，国家电力公司顾问、国家电网公司高级顾问，三峡工程论证领导小组副组长及技术总负责人，国务院三峡工程质量检查专家组组长，国务院南水北调办公室专家委员会主任，河海大学、清华大学双聘教授，博士生导师。中国科学院、中国工程院两院资深院士，中国工程院副院长，第九届光华工程科技奖"成就奖"获得者。

　　1927 年 11 月，他出生于浙江绍兴一个诗礼传家的平民人家，青少年时期受过良好的传统文化熏陶。他的求学之路十分坎坷，饱经战火纷扰，在颠沛流离中艰难求学。1946 年，他考入浙江大学。1950 年大学毕业，随即分配到当时的燃料工业部钱塘江水力发电勘测处。

　　从此之后，他与中国水利水电事业结下不解之缘，一生从事水电工程设计、建设、科研和管理工作，历时六十余载。"文化大革命"中，他成为"只专不红"的典型代表，虽饱受折磨和屈辱，但仍然坚持水工技术研究和成果推广。他把毕生的智慧和精力都贡献给了中国水利水电建设事业，他见证了新中国水电发展历程的起起伏伏和所取得的举世瞩目的伟大成就，他本人也是新中国水电工程技术的开拓者、创新者和引领者，他为中国水电工程技术赶超世界先进水平做出了杰出的贡献，在水利水电工程界德高望重。2012 年 7 月，他虽然不幸离开我们，然而他的一生给我们留下了极其丰富和宝贵的精神财富，让我们永远深切地怀念他。

　　潘家铮同志是新中国成立之后中国自己培养的第一代水电工程师。60 多年来，中国的水力发电事业从无到有，从小到大，从弱到强，随着以二滩、龙滩、小湾和三峡工程为标志的一批特大型水电站的建成，中国当之无愧地成为世界水电第一大国。这一举世瞩目的成就，凝结着几代水电工程师和建设者的智慧和心血，也是中国工程师和建设者的百年梦想。这个百年梦想的实现，潘家铮和以潘家铮为代表的一批科学家、工程师居功至伟。

潘家铮一生参与设计、论证、审定、决策的大中型水电站数不胜数。在具体的工程实践中，他善于把理论知识运用到实际中去，也善于总结实际工作中的经验，找出存在的问题，反馈回理论分析中去，进而提出新的理论方法，形成了他自己独特的辩证思维方式和工程设计思想，为新中国坝工科学技术发展和工程应用研究做了奠基性和开创性工作。他以扎实的理论功底，钻研和解决了大量具体技术难题，留下的技术创新案例不胜枚举。

1956年，他负责广东流溪河水电站的水工设计，积极主张采用双曲溢流拱坝新结构，他带领设计组的工程技术人员开展拱坝应力分析和水工模型试验，提出了一系列技术研究成果，组织开展了我国最早的拱坝震动实验和抗震设计工作，顺利完成设计任务。流溪河水电站78米高双曲拱坝成为国内第一座双曲拱坝。

潘家铮先后担任新安江水电站设计副总工程师、设计代表组组长。这是新中国成立之初，我国第一座自己设计、自制设备并自行施工的大型水电站，工程规模和技术难度都远远超过当时中国已建和在建的水电工程。新安江水电站的设计和施工过程中诞生了许多突破性的技术成果。潘家铮创造性地将原设计的实体重力坝改为大宽缝重力坝，采用抽排措施降低坝基扬压力，大大减少了坝体混凝土工程量。新安江工程还首次采用坝内底孔导流、钢筋混凝土封堵闸门、装配式开关站构架、拉板式大流量溢流厂房等先进技术。新安江水电站的建成，大大缩短了中国与国外水电技术的差距。

流溪河水电站双曲拱坝和新安江水电站重力坝的工程设计无疑具有开创性和里程碑意义，对中国以后的拱坝和重力坝的设计与建设产生了重要和深远的影响。

改革开放之后，潘家铮恢复工作，先后担任水电部水利水电规划设计总院副总工程师、总工程师，1985年起担任水利电力部总工程师、电力工业部总工程师，成为水电系统最高技术负责人，他参与规划、论证、设计，以及主持研究、审查和决策的大中型水电工程更不胜枚举。他踏遍祖国的大江大河，几乎每一座大型水电站坝址都留下了他的足迹和传奇。他以精湛的技术、丰富的经验、过人的胆识，解决过无数工程技术难题，做出过许多关键性的技术决策。他的创新精神在水电工程界有口皆碑。

20世纪80年代初的东江水电站，他力主推荐薄拱坝方案，而不主张重力坝方案；龙羊峡工程已经被国外专家判了"死刑"，认为在一堆烂石堆上不可能修建高坝大库，他经过反复认真研究，确认在合适的坝基处理情况下龙羊峡坝址是成立的；他倾力支持葛洲坝大江泄洪闸底板及护坦采取抽排减压措施降低扬压力；在岩滩工程讨论会上，他鼓励设计和施工者大胆采用碾压混凝土技术修筑大坝；福建水口电站工期拖延，他顶住外国专家的强烈反对，决策采用全断面碾压混凝土和氧化镁混凝土技术，抢回了被延误的工期；他热情支持小浪底工程泄洪洞采用多级孔板消能技术，盛赞其为一个"巧妙"的设计；他支持和决策在雅砻江下游峡谷修建240米高的二滩双曲拱坝和大型地下厂房，并为小湾工程295米高拱坝奔走疾呼。

1986年，潘家铮被任命为三峡工程论证领导小组副组长兼技术总负责人。在400余名专家的集中证论过程中，他尊重客观、尊重科学、尊重专家论证结果，做出了有说服力的论证结论。1991年，全国人民代表大会审议通过了建设三峡工程的议案，1994年三峡工程开工建设。三峡工程建设过程中，他担任长江三峡工程开发总公司技术委员会主任，全面主持三峡工程技术设计的审查工作。之后，又担任三峡工程建设委员会质量检查专家组副组长、组长，一直到去世。他主持决策了三峡工程中诸多重大的技术问题，解决了许许多多技术难题，当三峡工程出现公众关注的问题，受到质疑、批评、责难时，潘家铮一次次挺身而出，为三峡工程辩护，为公众答疑解惑，他是三峡工程的守护者，被誉为"三峡之子"。

晚年，潘家铮出任国务院南水北调办公室专家委员会主任，他对这项关乎国计民生的大型水利工程倾注了大量心血，直到去世前两年，他还频繁奔走在工程工地上，大到参与工程若干重大技术的研究和决策，小到解决工程细部构造设计和施工措施，所有这些无不体现着潘家铮作为科学家的严谨态度与作为工程师的技术功底。南水北调中线、东线工程得以顺利建成，潘家铮的作用与贡献有目共睹。

作为两院院士、中国工程院副院长，潘家铮主持、参与过许多重大咨询课题工作，为国家能源开发、水资源利用、南水北调、西电东送、特高压输电等重大战略决策提供科学依据。

潘家铮长期担任水电部、电力部、能源部总工程师，以及国家电网公司高级顾问，他一生的"工作关系"都没有离开过电力系统，是大家尊敬和崇拜的老领导和老专家；担任中国工程院副院长达八年时间，他平易近人，善于总结和吸收其他学科的科学营养，与广大院士学者结下了深厚的友谊。无论是在业内还是在工程院，大家都亲切地称他为"潘总"。这个跟随他半个世纪的称呼，是大家对潘家铮这位优秀科学家和工程师的崇敬，更是对他科学胸怀和人格修养的尊重与肯定。

潘家铮是从具体工程实践中锻炼成长起来的一代水电巨匠，他专长结构力学理论，特别在水工结构分析上造诣很深。他致力于运用力学新理论新方法解决实际问题，力图沟通理论科学与工程设计两个领域。他对许多复杂建筑物结构，诸如地下建筑物、地基梁、框架、土石坝、拱坝、重力坝、调压井、压力钢管以及水工建筑物地基与边坡稳定、滑动涌浪、水轮机的小波稳定、水锤分析等课题，都曾创造性地应用弹性力学、结构力学、板壳力学和流体力学理论及特殊函数提出一系列合理和新颖的解法，得到水电行业的广泛应用。他是水电坝工科学技术理论的奠基者之一。

同时，他还十分注重科学普及工作，亲自动笔为普通读者和青少年撰写科普著作、科幻小说，给读者留下近百万字的作品。

他在17岁外出独自谋生起，就以诗人自期，怀揣文学梦想，有着深厚的文学功底，创作有大量的诗歌、散文作品。晚年，还有大量的政论、随笔性文章见诸报端。

正如刘宁先生所言：潘家铮院士是无愧于这个时代的大师、大家，他一生都在自然与社会的结合处工作，在想象与现实的叠拓中奋斗。他倚重自然，更看重社会；他仰望星空，更脚踏实地。他用自己的思辨、文字和方法努力沟通、系紧人与水、心与物，推动人与自然、人与社会、人与自身的和谐相处。

二

2012年7月13日，大星陨落，江河入海。潘家铮的离世是中国工程界的巨大损失，也是中国电力行业的巨大损失。潘家铮离开我们三年多的时间里，中国科学界、工程界、水利水电行业一直以各种形式怀念着他。

2013年6月，国家电网公司、中国水力发电工程学会等组织了"学习和弘扬潘家铮院士科技创新座谈会"。来自水利部、国务院南水北调办公室、中国工程院、国家电网公司等单位的100多位专家和院士出席座谈会。多位专家在会上发言回顾了与潘家铮为我国水利电力事业共同奋斗的岁月，感怀潘家铮坚持科学、求是创新的精神。

在潘家铮的故乡浙江绍兴，有民间人士专门辟设了"潘家铮纪念馆"。

早在2008年，由中国水力发电工程学会发起，在浙江大学设立了"潘家铮水电科技基金"。该基金的宗旨就是大力弘扬潘家铮先生求是创新的科学精神、忠诚敬业的工作态度、坚韧不拔的顽强毅力、甘为人梯的育人品格、至诚至真的水电情怀、享誉中外的卓著成就，引导和激励广大科技工作者，沿着老一辈的光辉足迹，不断攀登水电科技进步的新高峰，促进我国水利水电事业健康可持续发展。基金设"水力发电科学技术奖"（奖励科技项目）、"潘家铮奖"（奖励科技工作者）和"潘家铮水电奖学金"（奖励在校大学生）等奖项，广泛鼓励了水利水电创新中成绩突出的单位和个人。潘家铮去世后，这项工作每年有序进行，人们以这种方式表达着对潘家铮的崇敬和纪念。

多年以来，在众多报纸杂志上发表的纪念和回忆潘家铮的文章，更加不胜枚举。

以上种种，都是人们发自内心深处对潘家铮的真情怀念。

2012年6月13日，时任国务委员的刘延东在给躺在病榻上的潘家铮颁发光华工程科技奖成就奖时，称赞潘家铮院士"在弘扬科学精神、倡导优良学风、捍卫科学尊严、发挥院士群体在科学界的表率作用上起到了重要作用"。并特意嘱托其身边的工作人员，要对潘总的科技成果做认真的总结。

为了深切缅怀潘家铮院士对我国能源和电力事业做出的巨大贡献，传承潘家铮院士留下的科学技术和文化的宝贵遗产，国家电网公司决定组织编辑出版《潘家铮全集》，由中国电力出版社承担具体工作。

《潘家铮全集》是潘家铮院士一生的科技和文学作品的总结和集成。《全集》的出版也是潘家铮院士本人的遗愿。他生前接受采访时曾经说过："谁也违反不了自然规律……你知道河流在入海的时候，一定会有许多泥沙沉积下来，因为流速慢下来了……我希望把过去的经验教训总结成文字，沉淀的泥沙可以采掘出来，开成良田美地，供后人利用。"所以，《全集》也是潘家铮院士留给世人的无尽宝藏。

潘家铮一生勤奋，笔耕不辍，涉猎极广，在每个领域都堪称大家，留下了超过千万字的各类作品。仅从作品的角度看，潘家铮院士就具有四个身份：科学家、科普作家、科幻小说作家、文学家。

潘家铮院士的科技著作和科技论文具有重要的科学价值，而其科幻、科普和诗歌作品具有重要的文学艺术价值，他的杂文和散文具有重要的思想价值，这些作品对弘扬我国优秀的民族文化都具有十分重大的意义。

《潘家铮全集》的出版，虽然是一种纪念，但意义远不止于此。从更深层次考虑，透过《潘家铮全集》，我们还可以去了解和研究中国水利水电的发展历程，研究中国科学家的成长历程。

三

《潘家铮全集》共 18 卷，包括科技著作、科技论文、科幻小说、科普文章、散文、讲话、诗歌、书信等各类作品，约 1200 万字，是潘家铮先生一生的智慧结晶和作品总集。其中，第一至九卷是科技专著，分别是《重力坝的弹性理论计算》《重力坝的设计和计算》《重力坝设计》《水工结构计算》《水工结构应力分析》《水工结构分析文集》《水工建筑物设计》《工程数学计算》《建筑物的抗滑稳定和滑坡分析》。第十卷为科技论文集。第十二卷为科普作品集。第十三卷为科幻作品集。第十四、十五、十六卷为散文集。第十七卷为序跋和书信总集。第十八卷为文言作品和诗歌总集。在大纲审定会上，专家们特别提出增加了第十一卷《工程技术决策与实践》。潘家铮的科技著作都写作于 20 世纪 90 年代之前，这些著作充分阐述了水利水电科技的新发展，提出创新的理论和计算方法，并广泛应用于工程设计之中。而 90 年代以后，我国水电装机容量从 3000 万千瓦发展到 3 亿千瓦的波澜壮阔的发展过程中，潘家铮的贡献同样巨大，他的思想和贡献主要体现在各类审查意见、技术总结、工程处理意见、讲话和报告之中，第十一卷主要收录了这一时期潘家铮参与咨询和决策的重大工程的审查意见、技术总结等内容。

《全集》的编辑以"求全""存真"为基本要求，如实展现潘家铮从一个技术员成长为科学家的道路和我国水利水电科技不断发展的历史进程，为后世提供具有独特价值的珍贵史料和研究材料。

《全集》所收文献纵亘 1950～2012 年，计 62 年，历经新中国发展的各个重要阶段，不仅所记述的科技发展过程弥足珍贵，其文章的写作样式、编辑出版规范、科技名词术语的变化、译名的演变等等，都反映了不同时代的科技文化的样态和趋势，具有特殊史料价值。为此，我们如实地保持了文稿的原貌，未完全按照现有的出版编辑规范做过多加工处理。尤其是潘家铮早期的科技专著中，大量采用了工程制计量单位。在坝工计算中，工程制单位有其方便之处，所以对某些计算仍沿用过去的算式，而将最后的结果化为法定单位。另外，大量的复杂的公式、公式推导过程，以及表格图线等，都无法改动也不宜改动。因此，在此次编辑全集的时候都保留了原有的计算单位。在相关专著的文末，我们特别列出了书中单位和法定计量单位的对照表以及换算关系，以方便读者研究和使用。对于特殊的地方进行了标注处理。而对于散文集，编者的主要工作是广泛收集遗存文稿，考订其发表的时间和背景，编入合适的卷集，辨读文稿内容，酌情予以必要的点校、考证和注释。

四

《潘家铮全集》编纂工作启动之初，当务之急是搜集潘家铮的遗存著述，途径有四：一是以《中国大坝技术发展水平与工程实例》后附"潘家铮院士著述存目"所列篇目为基础，按图索骥；二是对国家图书馆、国家电网公司档案馆等馆藏资料进行系统查阅和检索，收集已经出版的各种著述；三是通过潘家铮的秘书、家属对其收藏书籍进行整理收集；四是与中国水力发电工程学会联合发函，向潘家铮生前工作过或者有各种联系的单位和个人征集。

最终收集到的各种专著版本数十种，各种文章上千篇。经过登记、剔除、查重、标记、遴选和分卷，形成18卷初稿。为了更加全面、系统、客观、准确地做好此项工作，中国电力出版社在中国水力发电工程学会的支持下，组织召开了《潘家铮全集》大纲审定会、数次规模不等的审稿会和终审会。《全集》出版工作得到了我国水利水电专业领域单位的热烈响应，来自中国工程院、水利部、国务院南水北调办公室、国家电网公司、中国长江三峡集团公司、中国水力发电工程学会、中国水利水电科学研究院、小浪底枢纽管理局、中国水电顾问集团等单位的数十位领导、专家参与了这项工作，他们是《全集》顺利出版的强大保障。

国家电网公司档案馆为我们检索和提供了全部的有关潘家铮的稿件。

中国水力发电工程学会曾经两次专门发函帮助《全集》征集稿件，第十一卷中的大量稿件都是通过征集而获得的。学会常务副理事长李菊根，为了《全集》的出版工作倾其所能、竭尽全力，他的热心支持和真情襄助贯穿了我们工作的全过程。

潘家铮的女儿潘敏女士和秘书李永立先生，为《全集》提供了大量珍贵的资料。

全国人大常委会原副委员长、中国科学院原院长路甬祥欣然为《全集》作序。

著名艺术家韩美林先生为《全集》题写了书名。

国家新闻出版广电总局将《全集》的出版纳入"十二五"国家重点图书出版规划。

国家出版基金管理委员会将《全集》列为资助项目。

《全集》的各个分卷的主编，以及出版社参与编辑出版各环节的全体工作人员为保证《全集》的进度和质量做出了重要的贡献。

上述的种种支持，保证了《全集》得以顺利出版，在此一并表示衷心的感谢。

因为时间跨度大，涉及领域多，在文稿收集方面难免会有遗漏。编辑出版者水平有限，虽然已经尽力而为，但在文稿的甄别整理、辨读点校、考订注释、排版校对环节上，也有一定的讹误和疏漏。盼广大读者给予批评和指正。

《潘家铮全集》编辑委员会

2016 年 5 月 7 日

本卷前言

　　潘家铮先生毕生从事我国的水电建设和科研工作，曾参与设计和指导过许多重大水利工程，一直到 80 多岁，依然奋战在我国水电事业的前线上，勤恳奉献，功勋卓著，践行"开发水电，为民造福"的誓言 60 余年。2012 年 7 月，潘家铮先生走了，一颗闪耀科学星天的巨星陨落了，留给我们的除了他一生对我国水电事业的丰功伟绩，严谨大胆的创新理念、辩证思维、设计思想以外，还有千万余字的精神食粮！

　　细数潘家铮先生的作品，我们读过、钻研过的大多是他的科技专著。殊不知，潘家铮先生不仅是一位杰出的工程大师，还是一位文学大师和科普作家。他的科普作品，反映着他高尚的人格魅力和思维境界，表达着他爱国、爱水电、关爱青年人的情怀与热心。这一卷中，我们收录了潘家铮先生创作的两部科普作品——《三峡工程小丛书之发电》和《千秋功罪话水坝》，它们主要是以易于理解的文字风格，向社会上的广大读者，尤其是向广大的青少年们，正确宣传水电知识、水利发展历史。

　　其中，《三峡工程小丛书之发电》是潘家铮先生 1991 年水电科普作品，核心内容有二。一是通过我国能源资源现状、能源工业发展和存在的问题，提出开发可再生能源是我国经济社会可持续发展的必然选择，并通过大量可信资料的研究介绍，从国家能源安全、西部大开发和西电东送等角度，阐述水能资源在我国能源资源核电力结构中的独特优点，提出水电开发的地位。二是阐述三峡工程是我国水利水电建设中的战略工程，它位于华夏腹地之长江中游，地理位置居中，具有承上启下的作用，是长江中下游防洪减灾的关键枢纽，是全国电网联网枢纽工程和国家理想的能源基地，三峡工程的兴建是水利和能源的召唤，是国家的决策与决心，是人民的期盼。

　　《千秋功罪话水坝》是 2000 年中国工程院院士科普丛书之一，宗旨是向全社会普及和介绍人与自然、水利工程与人类社会进步的关系，其中列举了我国古代治水工程和历史成就，介绍了我国古代水利建设的奇迹以及对人类社会进步和我国现代坝工技术的伟大贡献，强调应处理好开发、利用和保持的关系，使水力资源有序发展，把建设绿色水电、魅力水电作为水电开发的战略任务和历史责任来抓。

在整理和编辑过程中，我们发现文中有一些图片已模糊不清，无法满足出版要求，例如第一篇的"三斗坪坝址""三峡工程鸟瞰图"，第二篇的"大禹塑像""大禹陵碑"，等等，我们根据原意寻找了新的图片进行了替换，以期在保证出版质量要求的同时，基本做到还原原意。

科教兴国，全民参与，期望潘家铮先生的作品能唤起广大青少年们对水利水电事业的关心和兴趣，能带领他们正确认识水电！

邴凤山

2016 年 4 月

编辑说明

一、基本原则

《潘家铮全集》（以下称《全集》）的编辑工作以"求全""存真"为基本要求。"求全"即尽全力将潘家铮创作的各类作品收集齐全，如实地展现潘家铮从一个技术人员成长为一个科学家的道路中，留下的各类弥足珍贵的文稿、文献。"存真"即尽量保留文稿、文献的原貌，《全集》所收文献纵亘1950～2012年，计62年，历经新中国发展的各个重要阶段，不仅所记述的科技发展过程弥足珍贵，其文章的写作样式、编辑出版规范、科技名词术语的变化、译名的演变等都反映了不同时代的科技文化的样态和趋势，具有特殊史料价值。为此，我们尽可能如实地保持了文稿的原貌，未完全按照现有的出版编辑规范做加工处理，而是进行了标注或以列出对照表的形式进行了必要的处理。出于同样的原因，作者文章中表述的学术观点和论据，囿于当时的历史条件和环境，可能有些已经过时，有些难免观点有争议，我们同样予以保留。

二、科技专著

1. 按照"存真"原则，作者生前正式出版过的专著独立成册。保留原著的体系结构，保留原著的体例，《全集》体例各卷统一，而不要求《全集》一致。

2. 科技名词术语，保留原来的样貌，未予更改。

3. 物理量的名称和符号，大部分与现行的标准是一致的，所以只对个别与现行标准不一致的进行了修改。例如："速度（V）"改为了"速度（v）"。

4. 早期作品中，物理量量纲未按现在规范使用英文符号，一般按照规范改为使用英文符号。

5. 20世纪80年代以前，我国未采用国际单位制，在工程上质量单位和力的单位未区分，《全集》早期作品中，大量使用千克（kg）、吨（t）等表示力的单位，本次编辑中出于"存真"的考虑，统一不做修改。

6. 早期的科技专著中，大量采用了工程制计量单位。在坝工计算中，工程制单位有其方便之处，另外，因为书中存在大量的复杂的公式、公式推导过程，以及表格图线等，都无法改动也不宜改动。因此，在此次编辑全集的时候都保留了原有的计算单位，物理量的量纲原则上维持原状，不再按现行的国家标准进行换算。在相关专著的文末，我们特别列出了书中单位和法定计量单位的对照表以及换算关系，以方便读者研究和使用。对于特殊的地方进行了标注处理。

三、文集

1. 篇名：一般采用原标题。原文无标题或从报道中摘录成篇的，由编者另拟标题，并加编者注。信函篇名一律用"致×××——为×××事"，由编者统一提出要点并修改。

2. 发表时间：①已刊文章，一般取正式刊载时间；②如为发言、讲话或会议报告者，取实际讲话时间，并在编者注中说明后来刊载或出版时间；③对未发表稿件，取写作时间；④对同一篇稿件多个版本者，取作者认定修改的最晚版本，并注明。

3. 文稿排序：首先按照分类分部分，各部分文稿按照发表时间先后排序。发表时间一般详至月份，有的详尽到日。月份不详者，置于年末；有年月而日子不详者，置于月末。

4. 作者原注：保留作者原注。

5. 编者注：①篇名题注，说明文稿出处、署名方式、合作者、参校本和发表时间考证等，置于篇名页下；②对原文图、表的注释性文字，置于页下；③对原文有疑义之处做的考证性说明，对原文的注释，一般加随文注置于括号中。

四、其他说明

1. 语言风格：保留作者的语言风格不变。作者早期作品中有很多半文半白的文字表达，例如："吾人已知""水流迅急者""以敷实用之需""×××氏"等。本着"存真"和尊重作者的原则，未予改动。

2. 繁体字：一律改用简体字。

3. 古体字和异体字：改用相应的通行规范用字，但有特殊含义者，则用原字。

4. 标点符号：原文有标点而不够规范的，改用规范用法。原文无标点的，编者加了标点。

5. 数字：按照现行规范用法修改。

6. 外文和译文：原著外文的拼写体例不尽一致，编者未予统一。对外文拼写印刷错误的，直接改正。凡是直接用外文，或者中译名附有外文的，一般不再加注今译名。

7. 错字：①对有充分根据认定的错字，径改不注；②认定原文语意不清，但无法确定应该如何修改的，必要时后注（原文如此）或（？）。

8. 参考文献：不同历史时期参考文献引用规范不同，一般保留原貌，编者仅对参考文献的编列格式按现行标准进行了统一。

目录

第一篇　三峡工程小丛书之发电❶

---

❶　编者注：本书为潘家铮1991年作品，为《三峡工程小丛书》的一册。

第二篇　千秋功罪话水坝[①]

---

　❶　编者注：本书为潘家铮 2000 年作品，为《院士科普书系》的一册。

第一篇 ▶

三峡工程小丛书之发电

第一章

富饶的地区、贫乏的能源

第一节　能源——人类文明发展的动力

自从我们的祖先在数万年前发明钻木取火以来，人类的生存就离不开能源了（图1-1-1）。时至今日，能源更成为人类文明的标志、社会发展的动力。失去能源，全世界的工厂将停止生产，车辆船舶飞机将停止行驶，农业失去了排灌、收割、加工的动力，甚至在日常生活中也将无法照明、取暖、炊饭、供水和通信。地球将变成一个寂静、黑暗和停滞的世界，人类将回到穴居野处的时代。能源已经不仅是人类文明和经济发展的动力，也是维持生活不可缺少的因素了。一个国家的能源供需利用情况，也就反映和决定了她的国力、国防和发展水平。这是多么重大的问题啊。

图 1-1-1　从钻木取火到核电站——人类利用能源的进展

我们说的能源，包含许多种类和形式。燃烧木材、秸秆、煤炭、石油、天然气等可燃物质，是利用燃烧中的化学变化取得能源。柴薪、秸秆等称为生物能源；作为燃料的煤、石油、天然气等则称为"化石燃料"。第二种方式是利用自然界存在的机械能和热能，例如：水力、风力、潮汐、地热、太阳能等。20世纪以来，人类又进入利用物质原子裂变所产生的核能时代。从利用的程度和提供的能量来看，化石燃料、水力和核能是组成当前能源结构的三大支柱。在发达国家中，石油和天然气提供的能量更占很大比重（图 1-1-2）。

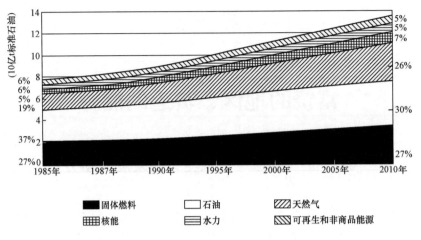

图 1-1-2　世界一次能源的组成

固体燃料　　石油　　天然气
核能　　水力　　可再生和非商品能源

上面所说的煤、石油、天然气、水力、核能等，是现存于自然界的原始能源，称为初级能源或一次能源。初级能源常需经过加工，转变成更高效、方便、清洁的人工能源以供利用，例如燃烧化石燃料或利用水力、核能，推动发电机，可以把初级能源转变为电能。电能、煤气等人工能源就称为二次能源。值得注意的是，电能占全部一次能源的比重在一定程度上反映了国家的发达程度。例如，早期的火车直接从燃煤取得动力，到今天就逐步为电气机车取代了。目前，发达国家电能占一次能源的比例约为 40%～45%❶，而我国一直在 24%左右徘徊。

所有的一次能源归根到底都来自太阳。太阳真是万物之母！但是，其中也有区别。煤、石油、天然气、核矿石是在亿万年前生成的，采掘利用 1t，就减少 1t。资源再多，也有枯竭之时。特别是作为当前世界能源支柱的油气资源更是有限，由于过快的采掘和惊人的浪费，在可见的未来岁月中，就将逐渐枯竭了。相反，水力、风力等资源则是年年再生，长用长新，不会因人类的利用而日益减少，因此称为再生能源。再生能源与消耗性的化石燃料资源的区别不仅在于它的永不枯竭，而且还在于：再生能源如果不加利用就即消逝，不比石油和煤炭埋在地下，不会消失。这个问题在第三章中还要解释。我们在这里只简单举个例子：流经长江三峡的江水，如不加利用，就相当于每年有 5000 万 t 原煤或 2500 万 t 原油白白流入大海。如果 50 年不加利用，消逝的能源就约相当于 25 亿 t 原煤或十多亿吨原油！

第二节　中国的能源分布

工业革命以后，人类对能源的需求急剧增长。一段时期内，人们认为能源像空气和水一样是取之不尽、用之不竭的，就无情地向自然界索取，特别是发达的资本主义

❶　对于煤的利用，发达国家绝大部分用来发电，如美国发电用煤比重达 80%以上。

国家对能源进行掠夺性的开采和肆意浪费。其后果，不仅导致了世界能源危机，而且严重地破坏了生态、污染了环境。20 世纪 50 年代以来，能源才被作为重大问题进行系统的研究。一些大国都在最高层次对能源战略和政策措施进行全面、宏观和长期的分析考虑。

在这本小册子中当然不可能讨论世界能源问题，我们只简单考察一下中国的能源情况。中国的能源蕴藏量丰富吗？答案似乎是肯定的：中国煤的探明储量（在垂深 2000m 以内）近 9000 亿 t❶、石油的地质储量为 787 亿 t、水力资源更独步全球，理论蕴藏量为 6.8 亿 kW，年发电量可达 5.9 万亿 kW·h。但是必须注意，已精查落实的煤和石油储量仅占探明储量或地质储量的很小部分，而且由于技术或其他原因也不能全部利用。以煤为例，到 1990 年底精查落实，可供建设矿井的储量，扣除已采掘者外，估计尚保有 900 多亿吨。即使全部可用来建设矿井，按照每 200t 精查储量可以建设年产煤 1t 的矿井计算，也只够再新建年产 4.5 亿 t 原煤的矿井。石油的形势就更为严峻。1990 年底的探明储量为 142 亿 t，其中可开采到手的不足 20%，扣除已采的数量后，按目前生产规模仅够十多年使用，所以亟待开展大规模的勘查工作。就是较明确的水力资源，可以开发利用的也仅 3.76 亿 kW（年电能 1.92 万亿 kW·h），而且其中有相当部分由于淹没、移民等原因未必能够开发。考虑这些情况，以及我国有十多亿的人口，我们就不能以能源大国自居，应该认识到我国的能源问题是严重的。

另一个问题是我国各种能源的分布极不均衡。图 1-1-3 中表示煤、水力和石油三大资源的分布示意。煤主要分布在北方，特别集中在山西、陕北、内蒙古、宁夏这一

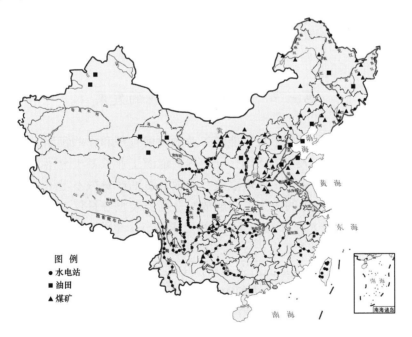

图 例

● 水电站
■ 油田
▲ 煤矿

图 1-1-3　中国能源蕴藏分布示意图

---

❶　预测远景地质储量尚有 4 万多亿吨。

条带上，即著名的华北基地，其次则分布于东北、徐淮、河南、贵州等处。水能集中在西南的长江干支流（包括金沙江、雅砻江、大渡河、乌江）和澜沧江、雅鲁藏布江等几条大江大河上，其次分布在红水河、黄河上游和湘、鄂水系上❶。石油分布在东北、新疆、甘青、渤海湾和冀豫一带以及沿海海域。这就构成了中国能源分布的大格局。

由此，我们可以得到一些启示。

（1）我国的一次能源将以燃煤为主。这个大前提在今后可见的时期内是改变不了的。

（2）煤矿主要分布在北部，而经济发达和缺能地区则在沿海一带，这就必然要出现大规模长距离的运煤问题，特别是"北煤南运"问题。

（3）从以上两点，也就决定了今后我国在煤的生产、运输和污染方面将面临愈来愈大的压力。

（4）以煤为基础的格局虽难改变，但尽量开发其他能源来大大减轻上述压力则是可以做到的，而且应全力以赴去做。特别是西部举世无双的水力资源应尽速开发，向东供电。"西电东送"和"北煤南运"都势在必行。愈早实现，愈是主动。

（5）我国能源开发和利用中的另一个大问题是效率低、浪费大、污染严重。生产同样的产值所需的能耗远超过发达国家、污染程度也较严重。

根据上述情况、条件和问题，我国能源部在经过反复研究后，提出今后我国能源发展规划的指导思想是：

"能源开发要以煤炭为基础、电力为中心、大力发展水电、积极发展核电、积极开发石油和天然气，大力节电、节油和节煤，推广热电联产、发展余热利用，继续执行以煤代油政策，努力提高能源利用效率、减轻环境污染"。

很显然，摆在全国能源职工和全国人民面前的任务是十分艰巨的。

第三节　中国能源工业的发展

本节中，我们简单回顾一下我国能源工业的发展过程和作些预测。

作为占有全世界 1/4 人口的大国——中国，能源工业长期十分落后，排在世界各国的最后列。人民靠燃烧柴薪、原煤取暖、炊饭，石油产量微不足道，并被宣布为贫油国家。作为社会文明标志的电力，在解放时全国的装机容量仅 185 万 kW，年发电量 43 亿 kW·h，平均每人拥有 0.003kW（相当于几节干电池），每年用电 8kW·h（可供每天点一小时的 20 支光❷灯泡）。这种悲惨局面可能是今天的年轻人所想象不到的。

新中国成立后，经过 41 年的艰苦奋斗，中国的能源工业发生了翻天覆地的变化。到 1990 年，我国一次能源总产量达到 10.4 亿 t 标准煤❸，成为世界上仅次于苏、美的第三位能源生产和消费大国，增长速度是世界各国少见的。在一次能源的总产量中，

---

❶ 雅鲁藏布江等水系上的水力资源因尚待进一步勘查，图中未示。
❷ 编者注：表示灯泡耗电功率"瓦"的时候，俗称"支光"。
❸ 为了便于统计分析，各国都将不同能源折算为某一种标准量。西方国家习惯于采用"吨标准石油"，我国则采用"吨标准煤"为准。标准煤每千克的发热量为 7000kcal。一般原煤达不到这个要求，视煤种而异。平均讲 1t 标准煤约相当于 1.4t 原煤。石油、天然气和水能也折算为相当的标准煤。

煤占 74.1%，石油次之，比例如表 1-1-1（未计农村广泛使用的非商品性的生物能源）。表 1-1-2 为 1985～1990 年各种能源的增长情况。

表 1-1-1   **1990 年中国能源生产总表**

		产量	折标准煤（亿 t）	占一次能源百分比	说明
一次能源	原煤	10.79 亿 t	7.71	74.1	占世界第一位
	原油	1.38 亿 t	1.97	19.0	占世界第五位
	天然气	152 亿 m³	0.21	2.0	
	水电	二次能源 1263 亿 kW·h	0.51	4.9	占世界第五位
	火电	4950 亿 kW·h	/	/	火水电量合计 6213 亿 kW·h，占世界第四位

表 1-1-2   **1985～1990 年各种能源增长表**

年份	总量（亿 t 标准煤）	原 煤		原 油		天然气		水 电	
		产量（亿 t）	占一次能源（%）	产量（亿 t）	占一次能源（%）	产量（亿 m³）	占一次能源（%）	产量（亿 kW·h）	占一次能源（%）
1985 年	8.55	8.72	72.8	1.30	20.9	124	2	911	4.3
1986 年	8.81	8.94	72.4	1.31	21.2	138	2.1	945	4.3
1987 年	9.13	9.28	72.6	1.34	21.0	139	2.0	1002	4.4
1988 年	9.58	9.80	73.1	1.37	20.4	143	2.0	1092	4.5
1989 年	10.16	10.54	74.1	1.376	19.3	150	2.0	1185	4.6
1990 年	10.40	10.79	74.1	1.383	19.0	152	2.0	1263	4.9
平均发展速度	4%	4.35%		2%		4.1%		6.7%	

从表 1-1-2 中可注意以下几点：①煤在一次能源中的比重不仅一直占绝大部分，而且逐年提高，1990 年达 74.1%；②石油、天然气的比重在 23%～21% 之间，而且逐渐下降，1990 年降为 21%；③水电比重只占 4% 多一些，近年来缓慢增长，1990 年为 4.9%。图 1-1-4 为 1949～1990 年中国电力生产发展简况。

用二次能源中的电力来分析，我国电力主要由燃煤（或油）的火电厂和利用水力的水电站供应，其中水电比重也不断下降，从历史上曾达到过的 24.6%（1983 年）降为 1990 年的 20.3%。事实上，在"七五"期间，能源和电力都超额完成计划，只有水电远未完成（"七五"中计划新增发电容量 3500 万 kW，其中水电 821 万 kW；实际新增 4404 万 kW，其中水电仅 600 万 kW），依靠多装火电和多开煤矿来弥补。如不采取措施，水电比重还会进一步下降，这和我国丰富的水力资源并尚处于开发初期的形势是很不相称的。1990 年各地区装机容量和发电量见表 1-1-3，资源分布见图 1-1-5。

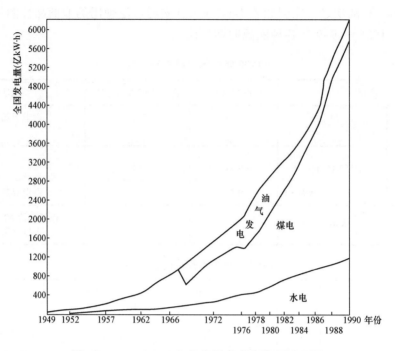

图 1-1-4　1949～1990 年中国电力生产和组成图

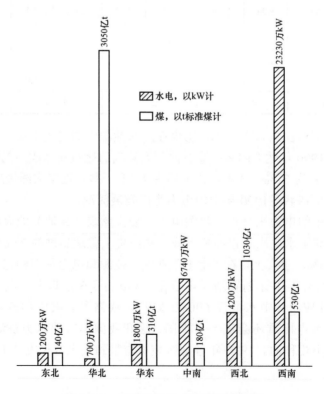

图 1-1-5　中国各地区水电和煤矿资源

表 1-1-3　　　　　　　　　1990 年中国各地区电网装机容量表　　　　　　单位：万 kW

电　网	水　电	火　电	合　计	说　明
华北电网	84.00	1604.09	1688.09	包括京津唐、河北南部和山西
蒙西电网	0.20	159.81	160.01	
东北电网	348.94	1728.21	2077.15	
华东电网	248.07	1944.94	2193.01	
福建电网	155.62	163.25	318.87	今后要联入华东电网
山东电网	4.68	804.43	809.11	今后要联入华北电网
华中电网	812.85	1186.98	1999.83	
广东电网	210.05	553.50	763.55	
广西电网	140.87	126.53	267.40	今后将与广东联网
四川电网	208.15	383.40	591.55	
贵州电网	90.60	115.03	205.63	今后将与广东广西联网
云南电网	144.92	106.18	251.10	今后将与广东广西联网
西北电网	414.65	440.71	855.36	

注　小于百万 kW 的电网未列入。

在回顾 41 年来取得的巨大成就的同时,我们还应注意到面临的严峻形势和巨大困难。我国虽已成为世界上的能源生产和消费大国,但用人口一除,人均耗能或人均用电量的水平就很低,只有发达国家的数十分之一!全国缺煤、少油、断电现象普遍,后果严重。今后究竟应怎么办呢?我们不能不作一番预测。

预测的基本出发点就是我国 11 亿多的人口(在今后一段时期内还将增长)和中央提出的今后经济发展的三步战略目标。

第一步目标已在 1990 年完成,现在正进入第二步:到 20 世纪末使国民生产总值再翻一番。十年翻一番,相当于 7.18% 的发展速度,这是个既积极又现实的指标。依靠耗能结构的变化和新科技的应用,一次能源的发展速度可以比国民生产总值的发展速度低一些(用较少的能耗取得更多的产值),其比值称为弹性系数。据专家们研究,一次能源弹性系数不能低于 0.7,这样,一次能源的年增长率可定为 3.4%,到 2000 年要求一次能源总产量达 14.4 亿 t 标准煤,其组成为原煤 14 亿 t 以上,石油、天然气达 2 亿 t 油当量,水电达 2400 亿 kW·h,核电达 100 亿 kW·h(全国总电量为 12000 亿 kW·h)。要完成这些指标,任务十分艰巨,尤以石油和水电战线面临的困难更大,但是,无论有多大困难,我们只能拼搏上前,退路是没有的。

现在再探讨一下 2000~2015 年的规划。进入 21 世纪后,我们要向中等发达国家水平迈进,国民生产总值将有大幅度增长。根据现实条件,许多专家建议年增长率取为 4.73%,即 15 年翻一番。这样,2015 年全国一次能源需求总量约 20 亿~22 亿 t 标准煤,需年采原煤 20 亿~21.5 亿 t,石油(包括天然气当量)3 亿 t,开发水电电量 5000 亿 kW·h,水电装机容量 1.6 亿 kW。比较可信的预测暂时只能做到这里。

上面谈的是一次能源。必须指出,作为二次能源的电力,它的发展应与国民经济的增长同步或超前。换句话说，电力的弹性系数不能低于1，而且应远高于1。这是因为：我国目前电能占一次能源的比重过小，电气化程度过低。不改变这一局面，是无法完成四化大业的。列宁的名言"共产主义等于苏维埃政权加全国电气化"，至今仍是真理。电力，可以实现一切形式能源的相互转换，电力是最清洁、高效的能源，电力可以大规模生产和远距离输送，电力在分配使用中十分方便并可以精密控制。用电力替代其他能源，具有明显的节能和经济效果，是提高劳动生产率和经济增长速度的关键。技术的进步、经济结构的变化、家庭及农村用电的急剧增长、石油的逐步枯竭，都促使电力需求要以更高的速度增长。各发达和发展中国家的经验无不如此。

此外，我国是个独立自主、自力更生的社会主义大国，不可能以无限制进口钢材、化肥、铝锭、农药等高耗电产品来减少电力需求。根据专家们的研究论证，国民经济电气化问题的意义实际上远远超出能源工业的范围，而是关系到我国前途命运的根本大计。而现实是：到1987年底，我国人均年发电量仅460kW·h，家庭人均年用电量不到30kW·h，只为美国的4.2%和0.8%，这样的局面无论如何都要改变。总之，今后国家的发展和人民生活的改善，更多地取决于电力发展的速度。

我们就按弹性系数为1计算，到2000年，全国装机容量应达2.4亿kW，年发电量应达1.2亿kW·h。为了尽量缓解煤的压力，水电装机容量应力争达到8000万kW（10年内新投4000多万kW），年发电量达2400亿kW·h。到2015年，全国总装机容量应达5亿kW，年发电量达2.4万亿kW·h，其中火电装机容量3.4亿kW，年燃煤约12亿t，水电装机容量1.6亿kW（年发电约5000亿kW·h），约占可开发容量的42%。到那时，东部和中部水电开发殆尽，长江上游干支流和澜沧江上的一大部分资源也已开发或正在开发，余下的将是一些位于边陲和近期还不能开发的资源（如雅鲁藏布江）。火电所需巨量燃煤，主要在华北基地生产，用铁路北送东北、东送秦皇岛、青岛等港口，并转海运送到沿海、沿江各大电厂，南送豫、鄂，外运量将达8亿t以上。当然，为此还要大力修建、改建铁路、港口和增添设备。也许要采取其他的运输方式（如管道送煤）。

以上就是我国在2000年和2015年的能源及电力供需展望。在我们面前的道路将是曲折和困难的。

第四节 华中、华东地区的能源问题

如果说，中国能源和电力的供需问题很突出，那么华中、华东地区的情况就更为严峻了。不作长期、宏观的考虑，也未作未雨绸缪和采取一定的措施，其后果将是灾难性的。

华中地区包括河南、湖北、湖南、江西四省，现已联成统一的电网。华东地区包括山东、江苏、安徽、浙江、上海、福建六省市，目前苏、皖、沪、浙三省一市已联成华东电网，山东和福建为独立的省网，今后也将联入大网。

在这一片广袤富饶的锦绣大地上，人口众多、经济发达、交通便利，经济效益和产值高、科技文化教育事业发达，真称得上是"物华天宝、人杰地灵"，可谓是祖国经济战略重地。可是能源供应问题像一具铁枷，长期以来锁在两地区人民的脖子上。1990 年，华中电网装机容量 2000 万 kW，年发电量 953 亿 kW·h，华东电网装机容量 2193 万 kW，年发电量 1064 亿 kW·h，是全国四大电网中的两个。可是和经济增长以及人民生活提高的要求相比，缺电仍十分严重，而且日益紧张，出现了种种不能容忍的现象：

工厂停三开四、有电生产无电停工；

新建企业，没有电力保证，建成之日就是停工待电之时；

从大电网中淘汰的陈旧机组，转眼被易地安装，继续运行发电、浪费能源；

有些企业被逼自用柴油机、小火电发电，到千里以外的四川去购买小窑煤，发电成本高达每千瓦时几角钱；

污染严重、调峰困难、拉闸限电更是习以为常。

可以说，人民已受够了缺电少能之苦，电力不足已成为制约这一地区腾飞的头号因素。

瞻望今后，即使按低水平规划，到 2000 年，华中、华东电网装机容量各应达到 5000 万 kW 以上，10 年内要增加 6000 万 kW 的容量和 3000 亿 kW·h 的电量；到 2015 年，两网各应达 1 亿 kW，即要再增加 1 亿 kW 的容量和 5000 亿 kW·h 的电量。这样巨大的需求向何处索取呢？

在华中、华东地区，仅河南和徐淮一带有一定的煤矿资源，湘、鄂两省有些水力资源（浙、闽也有少量水能）。经过 40 年的建设，现已在煤矿区和铁道、港口附近建成大批火电站，基本上耗用了上述矿区能提供的发电用煤，汉江、清江、湘江、沅水、赣江、钱塘江和闽江上的水电资源也已开发或在建中，长江干流葛洲坝水电站也已建成，为了满足今后发展需要，我们还有什么路可走呢？

第一，继续修建火电厂。这是不可避免的。例如，在 2001～2015 年间预计还需修建 6000 万 kW 以上的火电，其燃煤只能依靠华北基地供应。连同其他行业需煤，据专家们测算，2000 年两区共需用煤 4.2 亿～4.9 亿 t，其中 1.7 亿～1.9 亿 t 需从华北调入；2015 年两区需煤 5.6 亿～6.5 亿 t，其中 3 亿～3.6 亿 t 需从华北调入。这将给运输造成不堪承受的压力！一条普通铁路的年运输量只有 3000 万 t，改造成复线实行电气化也只有 6000 万～7000 万 t [1]。目前京广、焦枝、津浦铁路运输全已达到饱和状态，只能继大秦铁路后，从基地修建第二、三、四条大通道，将煤运到港口再海运南下。所以，把压力全部加在火电上是不行的，今后也难以落实。

第二，继续开发剩余的大、中、小水电。这当然是必行之路。对于本地区的水电，即使经济指标差一些或困难大一些，也要千方百计加以开发。老水电站也将更新扩容。但本地区水力资源有限。除三峡水电站外，五强溪、隔河岩、万安、耒水梯级都已开工建设；凌津滩、高坝洲、小浪底、王甫洲、江垭、敷溪口、水布垭、滩坑等也将在"八五"及"九五"期间陆续兴建，参见图 1-1-6 及表 1-1-4。有些点子，如江西贡水上的峡山水电站，每年发电 14.7 亿 kW·h，迁移人口竟近 40 万人，困难很大。除去

---

[1] 专门为输煤修建的大秦重载铁路年运量为 6000 万 t，远景可达 1 亿 t。

这些点子后，剩余的资源已经很少了。

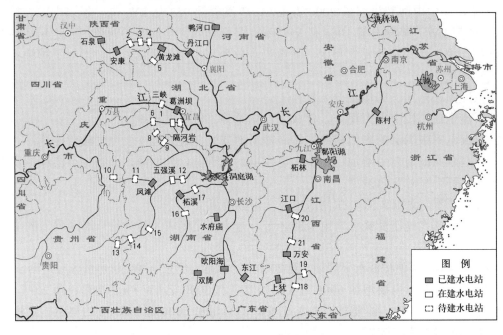

图 1-1-6　长江中下游水电建设示意

1—三峡；2—旬阳；3—蜀河；4—夹河；5—潘口；6—水布垭；7—高坝洲；8—淋溪河；9—江垭；

10—石堤；11—碗米坡；12—凌津滩；13—三板溪；14—托口；15—洪江；

16—筱溪；17—敷溪口；18—夏寒；19—峡山；20—峡江；21—太和

表 1-1-4　　　　　　　　　华中、华东地区在建及拟建水电站　　　　　　　　单位：万 kW

在建（包括已投产的）			"八五"拟建			"九五"拟建		
电站名	河流	装机容量（万 kW）	电站名	河流	装机容量（万 kW）	电站名	河流	装机容量（万 kW）
东江	耒水	50	天荒坪	（蓄能）	180	碗米坡	沅水	27
			小浪底	黄河	156	街面	尤溪	40
安康	汉江	80	穆阳溪	穆阳溪	32	蜀河*	汉江	27（陕西）
沙溪口	沙溪	30	棉花滩	汀江	60	三板溪	清水江	68
万安	干江	50	江垭	澧水	30	珊溪	飞云江	24
水口	闽江	140	滩坑	瓯江	60	太和*	干江	18
隔河岩	清江	120	水布垭	清江	120	峡山*	干江	50
五强溪	沅水	120	王甫洲	汉江	10.9	峡江*	干江	35
			高坝洲	清江	24			
			凌津滩	沅水	24			
			内阳*	汉江	30（陕西）			
			喜河*	汉江	10.5（陕西）			

在建（包括已投产的）			"八五"拟建			"九五"拟建		
电站名	河流	装机容量（万 kW）	电站名	河流	装机容量（万 kW）	电站名	河流	装机容量（万 kW）
			洪江	沅水	14			
			潘口*	堵河	51			
			东江扩机	耒水	42			

注　有*的电站因经济指标较差或移民量大未必能开工。

第三，建设一批核电站。对本地区而言，建设核电站具有重要意义。浙江的秦山核电站已经投产，秦山二期工程也在准备，但受各种因素制约，近二三十年中不可能有大规模发展。

第四，兴建抽水蓄能电站以解决调峰填谷要求，但它们不能提供能量。

在考虑了各种能源的可能性及其制约条件后，人们不能不把注意力转到位在本地区西大门口的三峡水电站上。

第五节　三峡水电站——理想的能源基地

三峡由瞿塘峡、巫峡和西陵峡组成，全长近 200km。这是长江摆脱重山叠岭的羁绊进入千里平原前的最后一道峡谷，处在西南和华中、华东经济区的交界部位。它的地位真可谓是西控巴渝、东连荆吴。三峡工程将修建在西陵峡里的三斗坪处。

在经济如此发达、能源如此短缺的华中、华东经济区，大门口却存在着这样一个巨大的能源基地，怎么能让他永远沉睡下去？根据设计，三峡水电站发出的电能，将占 21 世纪前 15 年中全国新增水电能量的 1/3 以上，三峡水电站的容量将占 2015 年华中、华东两大电网全部容量的 10%左右。试设想：如果在这里埋藏着一座神奇的大"煤矿"或"油田"，每年可以采掘 5000 万 t 原煤或 2500 万 t 原油，而且永不枯竭，我们岂能够置若罔闻？

因此，能源部黄毅诚部长代表全国能源职工表了态：三峡水电站不仅是经济、合理、可行的，是各种比较方案中最优的方案，而且从 21 世纪初全国能源平衡需要方面来研究，它是华中、华东两地区不可缺少的重要资源。即使是没有其他效益，仅就能源角度看，也是必须开发的。

让我们来解释几个问题吧。

为什么不用火电来替代三峡水电？这样做就意味着要多修建 10 座 180 万 kW 级的大火电厂，要每年多采掘 5000 万 t 原煤，要相应解决铁道和海上的运输问题，要多承受相应的环境污染影响。在煤炭建设、生产、运输已经十分紧张的情况下再增加这样沉重的负担，这就值得我们思索一番了。无怪从事火电和煤矿建设的同志都一致拥护开发三峡水电，在这里，毫无"水火之争"，大家意见完全一致。

为什么不用其他水电来代替三峡水电？如前所述，华中、华东地区最优越的一些水力资源都已开发，目前有一批大中型水电站正在建设，其余的水电或抽水蓄能工程将在"八五"或"九五"期内开工。到了 21 世纪初，可以说在上述地区水电已开发殆尽，并不存在替代三峡水电站的问题了。

那么，为什么不利用长江上游干支流的水电站替代三峡？长江上游雅砻江、大渡河、岷江、乌江等支流上的水电站已经和正在开发，它们首先要满足四川、贵州用电的急需。从开发进度、电站容量和输电距离等因素来分析，是难以满足东送华中、华东地区的要求的。真正能起到"西电东送"作用的只有金沙江上的大型水电站群。

我们在第五章中还要谈"西电东送"问题。从宏观决策上看，金沙江水电富矿的开发是势在必行和为期不远的事。尤其是位于下游的向家坝、溪洛渡这些点子，我们相信，到 2015 年，它们也应投产或部分投产、部分建设中。所以，它们与三峡工程不是对手，而是携手共进的弟兄。由于三峡工程还具有迫切和巨大的防洪需要和通航效益，输电距离也要近 800～1000km，前期工作又最扎实，把三峡工程的开发排在前面一点，是合理的顺序。

那么，又为什么不用核电替代三峡水电？核电是今后主要的能源之一，无论有多大困难，我们都必须加快核电建设的步伐。20 世纪 80 年代中，我们已兴建广东大亚湾核电站和浙江秦山核电站。20 世纪 90 年代中，我们还将兴建更多的核电站。在缺煤少油的沿海地区，核电站的重要性更为显著。

但是，由于受各种因素的限制，在今后二三十年中，核电发展的速度不能很快。据积极的规划，到 2000 年核电只能投产 500 万～600 万 kW，到 2015 年只能到 2000 万～3000 万 kW，还不能成为主力。

发展核电中我们遇到的暂时困难是什么呢？

首先是造价过高。由于我国核电工业正在起步，不能成套生产核电设备，使核电的造价特别昂贵。例如，以引进设备为主的大亚湾核电站（180 万 kW），动态投资达 37 亿～40 亿美元，几乎折合 11000～12000 元/kW。以国产设备为主的秦山一期工程（30 万 kW）造价也达 13.2 亿元（不计施工期利息）。造价过高，售电价也相应增高，电网较难消化。

其次，我国尚未全部掌握核电技术，一些关键设备要引进，例如，秦山一期工程的设备国产率为 80%左右，关键部件都要进口，这就受制于人，也不可能降低造价。这个问题要在我国能全面掌握技术和批量配套生产核电设备后才能解决。

第三是我国的核燃料资源并不丰富。除军用外，如建设压水堆式核电站，也只能供应两三千万千瓦之需。这个问题要在我国核电事业有了重大发展，并掌握"快堆"技术、并投入实用后才可解决❶。

由于上述原因，核电在一定时期内暂只能担任配角，当然也不能取代三峡。

所以我们说，从华中、华东地区能源平衡要求来看，三峡水电是必须开发的，人民在期待、资源在召唤，兴建三峡工程不仅是亿万中华儿女的心愿，也是势在必行的战略步骤！

---

❶ "快堆"的全称是快中子增殖堆，它利用普通核电站用过的废料作为燃料，普通核电站只利用核能的 1%～1.5%，"快堆"的利用率可达 60%左右。目前法国已制成百万千瓦级的"快堆"（超凤凰增殖堆）。

第二章

世界上最大的水电站

第一节　宏伟的三峡水利枢纽

万里长江，从唐古拉万年雪山脚下的涓涓细流开始、奔流向东，沿途汇集了百川千溪，特别在四川境内接纳了几条巨大支流，形成了浩浩大江。它穿千山、切万谷，来到川、鄂两省的交界处。这里，它遇到了阻拦它进入华中、华东大平原的最后一道障碍——大巴山。

但是，大江东去，毕竟是挡不住的。长江以它神奇的"力量"和无比的"耐心"，切开了大巴山，留下了举世闻名的三峡。长江从此摆脱了重山叠嶂的羁绊，一泻千里，直奔东海。三峡水利枢纽就建造在雄伟秀丽的三峡峡谷之中。

三峡峡谷西起瞿塘峡的夔门，东至西陵峡的南津关，全长近 200km。沿江两岸高峰叠接、急滩相继，不乏优良坝址。经过数十年的勘探研究，对 9 个坝段数十条坝线进行反复比较后，三峡工程的坝址被选定在西陵峡中段的三斗坪，下距已建成的葛洲坝枢纽 40km。

三斗坪属湖北省宜昌县 [1] 管辖，这里山水相映、风光秀丽，离屈原故里和昭君旧居都很近，这不禁引起人们的怀古幽思。想来，如果屈子和昭君有知，知道两千多年后在他们的故乡要兴建一座世界最宏伟的水利工程，一定会"忽报人间曾伏虎，泪飞顿作倾盆雨"的吧。

不过地质师和工程师们更注意的还是技术条件。原来，长江在宜昌以上的河段，多由碳酸盐岩类（会溶蚀的石灰岩）和较软弱的砂页岩组成，在三斗坪坝址上下游 10 多公里范围内却是难得的结晶岩（花岗岩）出露。因此基岩坚硬、强度和弹性模量高、透水性弱，没有大的断裂、地震烈度低。许多中外专家一致赞美它是个"不可多得的好坝址"（图 1-2-1）。

这里地形比较开阔，适宜于布置三峡枢纽的全部建筑物，包括通航船闸。靠近右岸还有个天生的小岛——中堡岛，这对施工导流又十分有利。从各种条件衡量，三斗坪坝址确实是个优良的坝址。

现在让我们欣赏一下三峡枢纽工程的鸟瞰图吧（图 1-2-2）。

从鸟瞰图上可以清楚地看到，三峡工程的最主要建筑物是一座混凝土拦河大坝，它从江底拔地而起，最大坝高 175m，全长 1983m，将大江拦腰锁住，壅高了 80（汛

---

[1]　编者注：宜昌县，即现在的宜昌市夷陵区，于 2001 年 7 月并入宜昌市城区。

期）～110m（枯水期）的水头，形成了 600km 长的深水航道和 393 亿 m³ 的水库，其中留出了 220 亿 m³ 的拦洪库容，以满足防洪、发电、通航等综合利用的要求。

图 1-2-1　三斗坪坝址

图 1-2-2　三峡工程鸟瞰图

　　近 2km 长的大坝可以分为几个区段。位在中部，也就是原来大江河床中的是 483m 长的泄洪坝段，共分 23 个坝块，布置了泄水深孔（23 孔）和表孔（22 孔），各有闸门控制，可以按操作要求泄放各级流量，最大泄量可达 10 万 m³/s 以上。泄洪坝段两侧是电站坝段，发电厂房设在坝后，左岸厂房全长 634m，安装 14 台水轮发电机组，右岸厂房全长 575.8m，安装 12 台水轮发电机组，每台机组的发电出力（单机容量）都是 68 万 kW，水电站的总装机容量是 1768 万 kW。❶

　　电站坝段的两侧，接有挡水坝段，与两岸山坡连接。在左岸还布置两种通航建筑物：一是垂直提升的升船机；二是双线船闸。通航设施的单向通过能力是 5000 万 t/年。

---

❶ 编者注：1993 年 7 月，经国务院三峡工程建设委员会决定，将单台机组额定容量由 68 万 kW 增加到 70 万 kW，总装机容量提高到 1820 万 kW。

在大坝和厂房间的平台上，安装主变压器，将电压升到 500kV，引向左右岸下游的塔柱，这是水电站的出口端（右岸下岸设有交流换为直流的换流站）。15 条超高压线路从这里启程，将强大的电力送向华中、华东和川东地区。

三峡工程是一座综合利用的水利枢纽，下面为了叙述方便，我们将承担发送电任务的水电厂房及相应的上下游建筑物和设备称为三峡水电站。当然，三峡水电站是三峡枢纽工程的有机组成部分。

第二节　一座世界上最大的电厂

建成后的三峡水电站在一定时期内将是世界上最大的水电站和发电厂，也是反映中国人民志气、决心和能力的争气工程。

20 世纪三四十年代，美国人建设着科罗拉多河上的胡佛大坝和发电厂，以及哥伦比亚河上的大古力水电站时，中国的工程师和大学生们只能以惊叹的心情望洋兴叹。解放初的中国人又以羡慕的心情颂贺苏联工程师们建设着斯大林格勒和古比雪夫水电站，称之为共产主义建设。而我们自己在当时只有建设几千千瓦小水电的经验。这个巨大的差距在何年何月才能赶上？

历史回答了这个问题。新中国成立后不久，中国的工程师就建设了数万千瓦级的龙溪河水电梯级，20 世纪 50 年代开工、60 年代初建成的新安江水电站，其规模一跃而达 66 万 kW 量级。20 世纪 70 年代中，我国又建成第一座容量超过百万千瓦的刘家峡水电站，接着，葛洲坝水电站建成，使我国的最大水电站容量达到 270 万 kW 的量级。目前在施工的二滩水电站，容量已达到 330 万 kW。曾几何时，中国人就以使人眼花缭乱的速度赶了上来。

当然，外国的水电建设也在迅速发展。美国扩建了大古力水电站，苏联建成一批巨型水电站，委内瑞拉、巴西等建成了规模空前的古里水电站和目前世界第一的伊泰普水电站。差距在缩小，但没有消失。只有当中国建成三峡工程后，这个情况才会改变（参阅表 1-2-1）。

表 1-2-1　　　　　　　　三峡水电站与世界上已建巨型水电站的比较

国家	电站名	河流	装机容量（万 kW）	年发电量（亿 kW·h）	发电年份
巴西 巴拉圭	伊泰普	巴拉那河	1260	710	1984
美国	大古力	哥伦比亚河	1083	203	1942
委内瑞拉	古里	卡罗尼河	1030	510	1968
巴西	图库鲁伊	托坎廷斯河	800	324	1984
苏联	萨扬舒申斯克	叶尼塞河	640	237	1978
苏联	克拉斯诺雅尔斯克	叶尼塞河	600	204	1968
加拿大	拉格兰德二级	拉格兰德河	533	358	1979
加拿大	丘吉尔瀑布	丘吉尔河	523	345	1971
中国	三峡	长江	1768	840	

有的同志怀疑这种赶超的必要性，说"不要盲目追求世界第一"，他们引用外国人的话问："这样的世界第一就好吗？"。其实，我们并没有"为赶超而赶超"，盲目去追求世界第一。三峡水电站初选的单机容量就是 68 万 kW，没有超过当前最大的大古力机组 70 万 kW。但是，中国拥有世界第一的水电资源，中国的能源供应如此紧张，三峡工程能够提供这么大的容量和电能，经过数十年奋斗的中国人民已拥有修建这座巨型工程的一切能力和条件，为什么不应该争个世界第一，以激发全民族的斗志和自豪感呢？

现在还是让我们来审视一下这座设计中的水电站吧（图 1-2-3）。我们可以乘汽车沿进厂公路驶入左厂房（或右厂房）的大门。首先映入眼帘的是巨大的厂房。它的跨度达 35.5m，长达 600 多米，从发电机层到屋顶高 30m。发电机层以下到尾水管基础面深 50m。比足球场大几倍的厂房内一字排开安装着 14 台巨大的水轮发电机组。不过现在我们只能看到露在地板上的励磁机头，那只如露在水面上的冰山尖角。要在检修时你才能看到庐山真面目：安放发电机定子的机坑直径就达 26m，厂房左端有 66m 长的安装场；厂房内装有几台巨大的起重机，最大的起重量达 2500t，可以把发电机和水轮机转子方便地吊起来检修、安装。

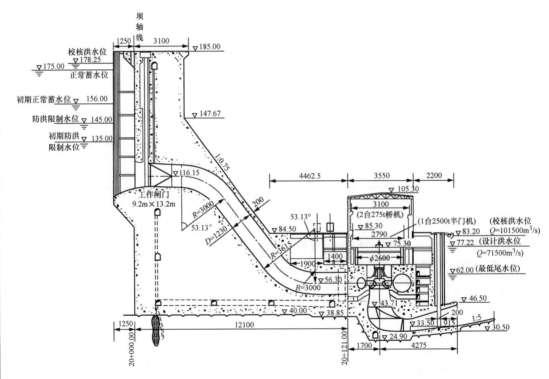

图 1-2-3 三峡工程坝后厂房剖面图

在各机组段都有许多监控盘柜，包括重要的调速系统。外界电力负荷是不断变化着的，调速系统能迅速、自动地改变发电机的出力，以适应变动着的负荷。三峡水电站采用最先进的电子液压调速系统，它能十分及时和灵敏地感受到由于用电负荷的变动所引起的机组转速的微细变化，发出信号，经过复杂的变换，调整液压系统，改变水轮机进水导叶的开度，使机组能稳定地运行。

机组的另一重要控制系统是装在顶部的励磁系统。励磁系统的作用是将发电机出口端的交流功率转换成励磁所需的直流电源。因为发电机转子中必须有直流电（励磁电流）输入，形成一个磁场，这样，转子转动时磁场切割定子中的线圈就可以发出电流。励磁系统是电站和电力系统安全运行的关键设备，巨大的水轮发电机对励磁系统的可靠、灵敏和速动性有严格要求。三峡水电站将采用最新型的晶闸管静止励磁系统，能满足超高压远距离输电对水轮发电机的要求。

审视了发电机层后，我们可下到水轮机层。其下就安装着巨大的蜗壳和水轮机转轮。我们可以看到 3.2m 粗的大轴在轰隆隆地运转，可以看到启闭导叶的机构在调速系统的操纵下自动调节着导叶开度和进水流量。再下一层的尾水洞埋在水下就看不到了。当然，我们也看不到埋在坝中、直径达 12.3m、能把每秒数百立方米的水引入水轮机的压力钢管和操纵它的巨大闸门。

我们回到发电机层并从后面出去，那是大坝和厂房间的一块大平台。平台上排列着巨大的主变压器。水轮发电机发出的电流，用母线送到变压器的低压侧，升压到 500kV 的超高压。平台下方为超高压配电室，布置先进的 500kV 六氟化硫全封闭组合电气设备。架空线引到坝下游，分别向左右两岸作远距离输电，进入电网。送华东的电力，部分采用直流输电，在右岸下游设有换流站。

第三节 三峡水电站的供电区

在三峡水电站下游左右两侧山坡上，排列着整齐的架设高压线用的杆塔。从主变压器高压侧引出的高压线，经过高压配电室的切换，然后就架设在这些杆塔上，飞向千里以外的广大地区。

三峡水电站发出的电力，主要供应华中和华东地区。送华中的电力约 1000 万 kW，送华东的容量则在 600 万～800 万 kW 之间。另有两条线路向西送电川东。也许有同志怀疑，四川在三峡工程的建设中做出重要贡献，四川的电力又长期紧缺，为什么不多向四川供电呢？这是从全国一盘棋的立场考虑的。因为四川拥有十分丰富的水电资源，几乎达到 1 亿 kW，只是分布在靠近川西边陲区。所以，应尽量开发这些资源，解决四川的电力问题，而将三峡水电更多地送向缺少能源的东部地区。由此也可以知道，在建设三峡工程之前和同期，四川水电也将相继大规模地进行开发。

根据这样的安排，就可以研究确定三峡水电站的输电方式和电压了。我国已有7100 多千米的 50 万 V 交流线路在运行，三峡向华中电网各地区输电的距离都不超过500km，在 500kV 线路的合理供电范围内，因此宜采用 500kV 交流电压输电。至于向华东地区输电的电压和输电方式，由于最远距离达 1000km，曾作过多方案比较，最后选定混合方案，即部分采用 500kV 交流线路，部分采用 ±500kV 的直流输电线路。三峡水电站采用上述输电方案，可以达到灵活、可靠、经济和易于操作的要求，也适合我国国情。

图 1-2-4 中是三峡水电站的输电系统结线示意图。从三峡水电站左右侧厂房将引出 15 条 500kV 的线路，除两条线路向西送川东外，其余全部送往华中、华东。另外有两条 ±500kV 的直流输电线直达华东：一条由三峡水电站下游右侧的换流站直达江苏省的苏南换流站；另一条利用现已建成的葛洲坝至上海的线路。

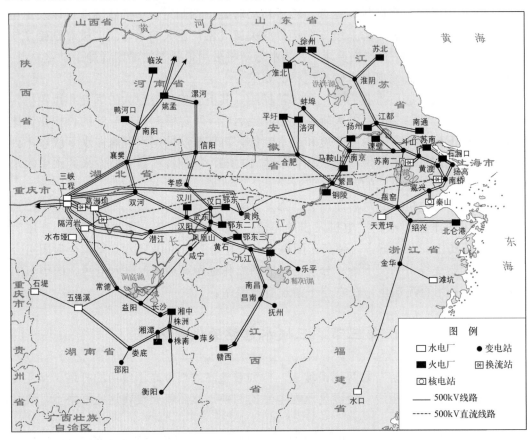

图 1-2-4　2015 年三峡输电系统地理接线

从三峡水电站送出的 15 条线路中，有 13 条向北、东、南三个方向接入华中、华东电网。向北的线路经过襄樊，进入河南省。这里有一大批依托河南煤矿基地建设的火电厂：鸭河口、姚孟、临汾等。襄樊附近还有座大水电站丹江口（因线路电压低于 500kV，图中未示）。向南的线路进入湖南境内，与五强溪、东江和湘潭、湘中等大型水火电站相连。更多的线路则直接向东，依次与葛洲坝、隔河岩等大型水电站、武汉地区的汉川、鄂东一、二、三厂和江西的九江、赣西等大型火电厂相连。华东地区的火电主要分布在徐州、淮北、平圩、洛河一带，以及沿长江的铜陵、马鞍山、南京、谏壁、扬州、苏南、南通、石洞口一带。浙江则有北仑港火电厂和秦山核电厂。此外还有天荒坪抽水蓄能电站和新安江、富春江、滩坑等水电站（线路电压低于 500kV 的未示）。通过三条 500kV 交流线路和两条 ±500kV 的直流线路，将华中、华东两大电网紧密连在一起。

从这张简单的地理结线图上我们就可以清楚地看到，三峡供电的地区都是经济发达地区，都是长期承受缺电之苦的地区。三峡水电站的投入，将为这一广大富饶地区的发展增添强大的动力。三峡水电站将和已建、在建、将建的火电厂群和水电站群结合，使西电东送和北煤南运相结合，有力地解决华中、华东地区的缺电问题，极大地提高电网的经济性和可靠性，三峡工程确实是一项影响至为深远的关键工程啊。

第四节　巨大的经济和社会效益

三峡水电站能向国家和社会提供什么效益呢？

根据对长系列的水文资料进行动能计算，三峡水电站的平均年发电量是 840 亿 kW·h。由于水电站的厂用电消耗极少，因此这相当于火电厂生产的近 900 亿 kW·h 的电能。电能将供应华中、华东和川东地区。我们曾多次介绍过，这些地区长期承受缺电之苦，已建厂矿企业停三开四，新建企业没有能源保证，设备容量远远超过发电容量，火电机组超负荷运行，三峡水电站的投入，有如久旱地区普降甘霖，全部电能是完全可以消化和有效利用的。

三峡水电站具有极强的还贷能力。它所需的投资虽较集中，总工期也较长，但在建设期间即可发电售电。根据有关专家组的反复研究，除去准备工期三年，三峡水电站在主体工程开工后第九年首批机组可以投产，以后每年投入 4 台，到全部竣工（包括移民工作结束）止的 8 年中共可发电 4218 亿 kW·h。因此，全部工程结束后的第二年，即可偿清全部本息，回收全部投资。

三峡水电的成本十分低廉。对这一点存在不同见解，我们将在下一章中再作讨论。在这里，我们只简单叙述一下主要结论：即使要求三峡水电站在全部竣工后的次年还清本息，水电的上网电价也只要 9.3 分/（kW·h）。这是多么低廉的电价！以后三峡水电站每年售电收入可达 75 亿元，上缴财政 35.6 亿元，利税总额达 54.1 亿元（比葛洲坝电站全部投资还大）。上述数字均以 1986 年底的不变价格计算。

但这仅是三峡水电站的收益，是最低层次的问题。实际上，电力并非最终产品。每千瓦时电能在华中、华东地区所产生的产值要比电价高数十倍。倘若以每千瓦时电能产出 4 元产值计，每年就可增加产值 3360 亿元，以 20%利税计，每年可为国家提供税利 672 亿元。这是第二个层次的问题。

问题还不在这些数字。我们还应想一想，三峡水电站的投入，可使多少企业满载生产，展翅腾飞，可为多少新的企业的建设创造条件，可以安排多少人劳动就业，那么三峡水电站对国家和社会的贡献就更清楚了。

我们可以用一句话来总结这一节：三峡水电站产生的经济效益和社会效益是惊人的，我们必须修建三峡工程，我们只能修建三峡工程，我们也一定能够建成三峡工程。

第三章

清洁、再生和廉价的能源

第一节 温室效应之谜

本书上文从全国和华中、华东地区的能源及电力供需平衡角度出发，阐述了建设三峡水电站的必要性和紧迫性。其实，作为水电资源，它还具有很多其他优点和特色。我们先从温室效应说起。

人类燃烧生物和化石燃料以取得能源已有几千年的历史，并未产生严重后果。但晚近一二百年来，由于燃烧量的剧烈增长，逐渐产生了以前意想不到的问题：环境影响。首先就是温室效应问题。

原来地球表面被一层约有 800km 厚的大气层包围着，它是一切生命赖以存在的基础，它的任何——哪怕是微小的变动都会产生重大影响。在大气中，氮和氧占了 99%，余下的 1% 为其他微量气体，如氢、氖、氩、臭氧、二氧化碳和甲烷等。这些气体比例虽小，其作用却绝不可忽视。例如，它们中某些成分（主要是二氧化碳）能像温室的玻璃一样，让太阳辐射通过，而把从地面向上辐射的热能拦住，这就称为温室效应。大量地、不断地燃烧化石和生物燃料的后果之一，就是不断地将大量二氧化碳气体释放到大气中，其中一半多为海洋表面的水所溶解和为植物所吸收，余下的就积滞在大气中，使大气中二氧化碳的浓度明显增加，这就打破了以往二氧化碳基本平衡的局面。据专家测算，工业革命（1860～1890 年）前，大气中二氧化碳的浓度约为 290ppmV（以占体积的百万分之一计），1980 年增长到 340ppmV，如果照目前趋势的增长速度，21 世纪 20 年代浓度就会比工业化之前增加一倍，相应的全球平均气温将升高 1.5～4.5℃。这看上去仅数度之升，后果却是严重的。两极冰层将不可逆转地局部融化，海平面随之上升，全球雨量分布将变化……带来一系列不利（和有利）的后果。对我国来说，一些精华所在的沿海平原将淹没、浸没，华北、西北将更为干旱……这简直是一场灾难了。幸喜温室效应的大小尚未定论，科学家还有分歧见解，而且总还有几十年时间可供人类进行研究，采取对策。但是，温室效应的不利影响肯定存在，而且是全人类面临的最大环境问题，这个结论是绝大多数科学家所承认的。

降低二氧化碳浓度的主要途径无疑是减少化石燃料的用量。目前一些国际组织正在大声疾呼，要求各国降低二氧化碳的排放量。我国是世界上第三位能源消耗大国，又以化石燃料为主（煤的消耗量约占世界 20%），又是个发展中的国家。如何对待这个问题实在值得研究，国际上也把中国作为重点研究对象。我们必须严肃指出，造成目前局面首先应由工业化国家负责，因为不论考虑历史或按人均计算，这些国家的排污量最大，首先应承担更多的责任（按人口平均计，我国的耗能量与他们差一个数量级以上）。当然我们也要清楚地认识到，过多排放二氧化碳对全球环境不利，也对自己不利，我们应尽可能利用其他能源取代一些化石燃料，为全球生态环境做贡献，尽量利用水能就是措施之一。

用煤发电究竟要排出多少二氧化碳？我们可以做个大致测算。按目前我国平均水平，发 $1kW \cdot h$ 的电要烧标准煤 595g，折原煤约 595g，每克煤中含有的可燃碳的比例以 46%计

$$595 \times 0.46 = 274g/（kW \cdot h）$$

相应的二氧化碳量可按原子量计算

$$274 \times \frac{12+32}{12} \approx 1000g/（kW \cdot h）$$

换句话说，大体上发 $1kW \cdot h$ 的火电要向大气排放 1kg 二氧化碳。举例说，我国 1990 年共发火电约 5000 亿 $kW \cdot h$，排放二氧化碳约 5 亿 t。占了全国总排放量的很大比例。而中国总排放量又占全球总排放量的 10%左右。今后数十年，我国还将大力修建火电厂，在 2015 年，火电厂排放的二氧化碳可能达 20 亿 t/年，这真是个巨大的数量，我国今后将承受污染环境的巨大的压力是无可置疑的。

开发利用水能是一项重要措施。多生产 $1kW \cdot h$ 的水电就可替代 $1kW \cdot h$ 的火电（如果考虑火电厂的厂用电和煤的采掘运输所需的能源，$1kW \cdot h$ 的水电可抵 $1.1kW \cdot h$ 的火电）。三峡水电厂一年发电以 840 亿 $kW \cdot h$ 计，它就可以每年减少向大气中排放 8400 万～9200 万 t 二氧化碳，运行 50 年就累计减少排放量 40 亿～50 亿 t！这就是三峡水电对环境所做的贡献之一。

第二节 环境污染问题

其实，在近期最直接影响人民健康的还不是温室效应，而是燃煤中排放出的许多其他有害气体，主要的有氮氧化合物 NO_x 和硫化物 SO_2，以及一氧化碳 CO 和甲烷等。火电厂的烟囱中还排放大量灰分。有的火电厂周围烟雾弥漫，特别当地形不利、厂矿集中时，附近地区可以长期笼罩在烟雾之下，有的城市甚至成为"卫星上看不见的城市"。有些地区下起有害的"酸雨"。我国许多地方大气中有害杂质的含量已经超过或远超过容许的水平，严重地、直接地威胁人民健康（图 1-3-1）。

火电厂还产生大量废灰、废渣，必须占地堆存，为此还要修建尾矿坝。其实，问题不仅限于火电厂本身，为了采掘煤矿，产煤区内同样产生大量矸石、废渣、污水、废气。矿井建设还要占用土地。有时井下采掘还会引起许多生态环境上的后果。以矸石来讲，每采 1t 煤，将排弃 150kg 左右的矸石。目前堆弃的矸石已达 16 亿 t 以上，成为全国第一大固体废弃物。据一些文献估计，1985 年我国排出 CO 2800 万 t、甲烷 100 万 t、NO_x 700 万 t、SO_2 1300 万 t、烟尘 1320 万 t。2020 年还将增加 3 倍左右，这对环境的污染确实严重，将成为制约化石能源发展的因素之一。

图 1-3-1　燃煤——日积月累的污染

当然，和温室效应不同的是，对这种污染我们可以采取一些措施来减轻。例如，采取先进的脱硫措施，燃煤产生的 SO_2 就可大大减少，但投资也相应地大大增加，对于发展中的我国来说，也难完全采用。

用水电取代火电，就可以减少相应的污染源。其绝对量视所取代的煤种而异。以三峡的水电为例，每年大致可减少排放 100 万～200 万 t SO_2、30 万～40 万 t NO_x、1 万 t CO 和 15 万 t 烟尘（已按火电厂全部采用电除尘器、除尘效率 99% 计算），这又是对环境的多大贡献！

水电，真不愧为清洁的能源。

当然，一座三峡水电站也仅能暂时缓解个别地区的污染问题，我们还必须开发更多的水电和核电，必须开采优质的煤矿，提高火电厂的脱硫除尘能力，更重要的是提高生产效率，用较少的能耗生产更多、更好的产品，以便尽一切可能来减轻能源工业对环境的不利影响。但其中，开发水电是一项现实、经济、有效的措施。正是从这个角度看，我们才反复呼吁：多开发些水电吧！多开发一份水电，就多缓解一分煤炭生产和运输的压力，就多减轻一分对生态环境的破坏和污染。一座三峡水电站实际上等于 18 座百万千瓦级的火电厂、10 对年产 500 万 t 原煤的矿井、一条相应的铁路和水运设备、无数座环境处理工厂和一座有防洪、通航、供水、灌溉巨大效益的水利工程。事实难道不是这样的吗？

第三节　永不枯竭的煤矿和油田

从事能源建设和生产的同志都会有这样的感受：投入大量资金，作了艰苦努力建设起来的煤矿、油田，在进入高产期后的一定时间，资源就逐渐减少，煤采完了，油井中的油压和产量降低了，为了维持设计产量，就不得不投入更多的资金和作更多的努力。但最后矿井和油田终究要趋于枯竭，必须重新勘测、开发新的井点取代它们，而在报废的矿区将留下干涸的油田、采完的矿井和堆满废渣、废料的地面。

以石油工业为例，大庆油田是中国人民的伟大成就和骄傲。从 20 世纪 60 年代投产后，就揭开了中国石油工业的新篇章，结束了中国依赖进口原油的局面。在 20 世纪 70 年代中，大庆油田进入高产期，整个油田产量达 5000 万 t/年，而且保持 10 年迄今。二三十年来，大庆为祖国做出了多么巨大的贡献。可是，许多同志也许并不知道，为了保持大庆油田的稳产、高产，石油战线的职工做出了多大的努力，又付出了多大的代价。除不断勘探开凿新的油井外，为了从旧矿区多采出一些原油来，已经采取了各种复杂、昂贵的技术措施，例如采用早期注水保持油层内部压力的先进办法，现在采 1t 油已要注入 5t 以上的水，产油越来越困难，企业的经济效益也不断下降。此中甘苦，局外人未必全知。但不论怎么努力，大庆油田总将完成历史使命，因石油生产而创建的著名的大庆市也将转变为依靠其他工业生产的城市。

其实，目前我国已开发的主要油田都已进入后期生产，老油田自然递减率不断加大，从老区挖掘出来的增产能力抵消不了递减的部分。剩余的储量与年采量的比值已达到危险的 16 以下。如果原油产量滑坡，后果将是严重的，我们正在把更大的注意力和资金投向勘探新的战场上去。我国石油职工肩上的担子是十分沉重的。

对于化石燃料来讲，上述资源枯竭的现象是难以避免的，只能不断地投资、建设，新陈代谢。但是作为再生能源来讲，情况就完全不一样了。以三峡水电为例，它的每年 840 亿 kW·h 的巨大电量，是由每年流过三峡的 4500 亿 m³ 的长江水创造的。滔滔不绝的长江水进入大海后，又通过太阳能升到空中，以降雨方式回到长江，年复一年，周而复始，各年之间可能有丰枯之别，却永无匮乏之虞。我们在评论水电资源在一次能源中的比重时，常常按一座水电站工作 50 年所发电量为准。其实，何止 50 年或百年呢？只要太阳尚未冷却，水能资源是永不灭绝的，按照现代技术修建和受到精心维护的水工建筑物的寿命也是极长的（并不等于折旧期），机组磨损，则随时可以更新。所以，从较长时期来看问题，水能资源的优越性和重要性就更明显了。表 1-3-1 中列出三峡和全国水电站在运行不同期限后所提供的能量折为原煤的数值。

表 1-3-1　　　　　　　　　　水电提供的能量，折合为原煤值　　　　　　　单位：亿 t

电　　站	运行期间			
	50 年	100 年	500 年	1000 年
三峡水电站	25	50	250	500
全国水电站（2000 年水平，假定年发电 2400 亿 kW·h）	71.4	143	714	1430
全国水电站（2015～2020 年水平，假定年发电 5000 亿 kW·h）	149	298	1490	2980
全国水电站（假定年发电 10000 亿 kW·h）	298	595	2980	5952

再生能量的这种优点是多么迷人呀。人类很早就梦想过制造永动机。这个梦当然是永远难圆的，但是利用再生能源实际上已经实现了永动机的理想。这道理不是很明白的吗？

应该指出，自然界中的再生能源资源并不限于水能一种，其他如风能、潮汐能、波浪能，以至地热、太阳能，都可视为再生能源，将来必会因地制宜地各得其所地发展利用。可是在近期，水能无疑是最现实、最大量、最经济的一种，它将占可利用的再生能源中的绝大部分比重。

第四节 不吃草的马和下金蛋的鹅

有的同志认为：三峡水电虽然具有清洁、再生的诱人优点，但投资集中、工期较长，还本付息的负担很重，所以在经济上、财务上也许不可取，简单说来，"水电虽好、电价太高"。有的同志不仅反对开发三峡水电，而且还不主张开发中国的其他水电，他们认为水电既贵又慢又差，是阻碍中国电力工业发展的因素，要扭转被动局面，只能停修水电——起码砍掉一半。这样的见解是完全违反客观事实的。

最基本的事实是：火电厂要烧煤或石油，购买和运输大量燃料的费用，构成了发电成本中的重要组成部分。水电厂耗用的是水能，不需燃料费，是"没本钱生意"。"又要马儿跑，又要马儿不吃草"是带有讽刺意味的俗语，但水电厂倒真是一匹不要吃草而能永久奔驰的骏马。

从我们电力工业的实际情况看，由于成本的不断提高和电价的长期扭曲，全国电力工业的经济效益连年大幅度递降，已走到全行业亏损的边缘。其所以还能维持，还能逐年向国家上缴些利税，很重要的一条是靠已建水电站提供的大量廉价电能。它们的成本是不受煤、油、运输……涨价的影响的。有些同志可能还不知道，这些水电的"上网电价"（售给电网的结算价）只有 3～4 分钱/（kW·h）！哪个电网中水电比例大些，电价就低、效益就好，这是活生生的事实。

有的同志认为，你说的那些水电站，都是在改革以前用国家无偿提供资金修建的，没有还本付息要求，所以成本才那么低。现在，修水电站是要靠集资、贷款，要还本付息，满足还贷要求的上网电价就和火电一样了，甚至比火电还高，这难道还能称为廉价电能吗？

我们姑且不从理论上来分析"不需燃料的水电是否廉价电能"这一课题，而是就事论事从现在的情况（即所谓水电电价不比火电低）来提出几个问题。

水电开发是一次能源和二次能源的结合开发。修一座水电站等于修一座火电厂加上相应的煤矿、铁路……修水电站的投资要负担这一切费用，而修火电厂的投资只需负担建电厂本身的那一部分，开煤矿、修铁路……是由国家从另一个口袋中投资的，扭曲了的煤价、油价、运价……是由国家贴补着的。不在同一基础情况下进行比较说水电成本并不比火电低，显然是不合理的。

水电开发一般都有巨大的综合效益：防洪、灌溉、通航、供水……。目前的情况是，其他受益部门都是光提要求不摊投资的。一切负担都由能卖钱的水电来包办偿还，这样做也是不够合理的。

即使按上述不合理的办法计算，目前在建、拟建水电的"还贷电价"仍然低于一般的火电，更远低于用进口设备建成的火电或核电厂。退一步讲，即使认为水电的还贷电价和火电一样吧，"还贷期"是有限的，算它是 10 年或 15 年吧，还贷期以后的账又怎么算法、比法呢？水电厂一旦建成，是永远不需要燃料的呀。

我们还要指出，由于水电开发对国家具有长期的、综合的、战略上的巨大效益，世界上许多国家，包括发达的资本主义国家和一些发展中国家，都尽可能优先开发最有利的水电资源，都懂得从政策上和措施上给水电予以支持和优惠，但作为拥有世界第一的水能资源的中国恰没有这么做。实际上，现行的经济体制和做法，在一定程度上说，是阻碍了水电的开发的，这就值得我们深思和反省。

现在回到三峡水电上来。我们也不希望向国家提什么特殊要求，就按现行经济结构和三峡工程情况算一算三峡的水电是廉价还是高价的。这个问题已经由 50 多位经济、财务和电力方面的专家做了过细的研究。他们以 1986 年底物价为准，工程贷款按年利率 9.36%计算，还贷期定为 15 年，引用的外资按世界银行的利率和偿还期计算。分析结果如何呢？

按照竣工后第 10 年还清全部贷款本息（包括输电线路投资在内）的要求计算，三峡水电的上网还贷电价是 6.2 分/（kW·h）。而华能公司借贷兴建的火电厂，电厂出口电价是 13.3 分/（kW·h）[上网价约为 15 分/（kW·h）]。不妨再和在建的五强溪水电站比一下，五强溪水电站使用的是年利 3.6%的贷款，不包括输变电的上网价为 7.9 分，都远高于三峡水电。

6.2 分/（kW·h）的电价，即使按 1986 年底的价格水平也是够低的。如果提高到合理一些的价格，譬如说 9.3 分/（kW·h），则三峡工程竣工后的第二年，就能收回全部投资、还清所有本息。这样强大的还贷能力是其他电站难以做到的。

三峡水电站竣工后，每年售电收入达 75 亿元（按 9.3 分电价计算）。还清贷款后，每年上缴国家财政达 35.6 亿元，利税总额达 54.1 亿元。54.1 亿元，比葛洲坝工程的全部投资还多。换句话讲，三峡工程每年上缴利税总额就足以修建一座葛洲坝工程，这真是一只会下金蛋的鹅。

其实，三峡工程对国家财经的贡献远非每年一座葛洲坝，这仅仅是出露在水面上的冰山之火。众所周知，电厂所生产的电能并非最终产品，对国家的真正贡献是电能所产生的国民经济产值。在富饶发达的华中、华东地区，每 kW·h 电能带来的产值即使以 4 元计，三峡水电就为国家每年增产 3360 亿元，按 20%的利税计，就给国家创造 672 亿元收入。这是多么惊人的数字。

所以我们说，三峡水电不仅是清洁的、再生的，而且是廉价的。三峡工程不仅是一匹不吃草的骏马，而且是一只下金蛋的鹅，不仅它自身下金蛋，还带动千千万万只鹅下金蛋。

第四章

三峡水电站的设备

第一节 水 轮 发 电 机

安装在世界上最大的三峡水电站中的机电设备——主要是水轮发电机组、输变电设备、自动化装置和金属结构等，将是世界第一流水平的设备。这不仅是中国人民的骄傲，也是人类科学技术的成就。

但是，这也引起一些同志的担忧和怀疑。他们问：这样的机电设备能制造出来吗？运行可靠吗？特别是中国人能行吗？要向外国购买吧？会受制于人吧？还有些不明情况的同志，听了一些错误传闻，误认为世界上最大的水电机组容量只有 50 万 kW，三峡水电站的机组是造不出来的！葛洲坝水电厂运行几年后，机组磨损严重，叶片被泥沙磨掉好多厘米，……甚至说葛洲坝水电厂已换过好几个转轮！

是的，三峡水电站机电设备的投资占整个工程投资的 1/3，三峡工程的投资回收和还贷，主要靠每年售电 840 亿 kW·h 的收入。三峡工程对华东、华中地区工农业发展的直接支持也反映在送电上。如果设备不可靠，不但工程经济效益不能发挥，电网都会解体，后果将不堪想象。所以在本章中，我们来介绍一下主要的设备，首先就是那 26 台无比巨大的水轮发电机组。

根据可行性研究报告的推荐❶，这 26 台机组分别安装在左右两个厂房内，每台机组的容量是 68 万 kW——大体上每台机组相当于 100 万匹骏马的做功能力。图 1-4-1 表示水轮发电机组安装后的剖面图，可见主要由下面的水轮机和上面的发电机组成。水轮机的心脏部位"转轮"直径达 9.5m、重达 450t，水轮机总重达 3350t；发电机定子铁芯外径几乎达 23m，转子重 2150t，发电机总重达 3800t，中国人能制造这样的庞然大物吗？

我们先看看外国的水平。20 世纪 60 年代苏联制造了 50 万 kW 的克拉斯诺雅尔斯克电站的机组，70 年代苏联萨彦舒申斯克的机组单机容量达 64 万 kW。美国大古力三厂的机组单机容量达 60 万～70 万 kW。80 年代委内瑞拉古里电站的单机容量达 63 万 kW，巴西巴拉圭的伊太普电站单机容量达 70 万 kW。苏联在设计中的最大水轮机容量达 100 万 kW。到目前止，世界上已投产运行的 50 万 kW 以上的机组已达 50 多台，性能良好、运行稳定，说明 50 万～70 万 kW 的水轮发电机组的技术是成熟的。

---

❶ 在下一阶段设计中，某些数据可能有所调整。

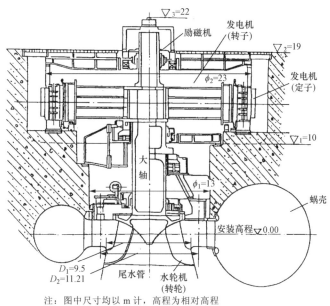

图 1-4-1　三峡水电站的水轮发电机组剖面

　　我国制造水电机组的能力，是随着工程建设的开展和科技的进步而不断提高的。50 年代中制成了单机容量 7.25 万～7.5 万 kW 的新安江机组，60 年代制造了单机容量 10 万 kW 的云丰机组和 22.5 万 kW 的刘家峡机组，70 年代制造了单机容量 30 万 kW 的刘家峡机组和葛洲坝的低水头 17 万 kW 的转桨式机组（图 1-4-2）。80 年代又制成白山 30 万 kW 和龙羊峡 32 万 kW 的机组，现在则正在制造转子直径达 8m 的岩滩机组（图 1-4-3）。90 年代还将为在建中的二滩水电站提供单机 55 万 kW 的巨型机组。

图 1-4-2　目前世界上尺寸最大的转桨式机组转轮

图 1-4-3　制造中的岩滩水电站转轮

代表机组制造难度的一个指标是水轮机转轮的直径。三峡机组的水轮机转轮直径为 9.5m，确实达到世界之最。但如前述，我们已在制造直径为 8m 的岩滩机组，葛洲坝机组的转轮直径更达 11.3m（转桨式），差距已不大了。

另一个指标是机组推力轴承上承受的总荷载。对于三峡机组，这个荷载达 5650t，超过了国外已运行机组的最高纪录 4700t（大古力三厂的 70 万 kW 机组），这是个关键。我国已制造过的水电机组的最大推力负荷是 3800t（葛洲坝 17 万 kW 机组），效果很好。现正在制造的水口电站机组，推力轴承负载为 4000t，转速为 107r/min，乘积为 428000t·r/min，其制造难度与三峡机组的推力轴承已经相似（5650×75 ＝ 423750t·r/min）。我国厂家已建成 1000t 级的推力轴承试验台，正在建设 3000t 级试验台，可为三峡机组进行模拟试验。我国将采用现代化的技术手段进行推力轴承的分析和测试，设计中将尽量降低发电机转子重和水轮机上的水推力，以减轻推力轴承负载。专家们认为，经过努力，三峡机组推力轴承设计和制造中的问题是能够解决的（参看表 1-4-1）。

表 1-4-1　　　　　　　　　国内外大型混流式机组比较

	大古力（美国）	伊泰普（巴西）	古里Ⅱ（委内瑞拉）	克拉斯诺雅尔斯克（苏联）	龙羊峡（中国）	三峡（中国）
最大水头（m）	108.2	125.9	146	100.5	150	112
额定水头（m）	86.9	112.4	130	93	122	81.7
最小水头（m）	67.0	90.0	110	76	76	71
额定出力（万 kW）	71.3	71.5	61	50.8	32.65	69
转轮直径（m）	9.223	8.451	7.163	7.5	6.0	9.5
模型效率（%）	91.7	93.3	—	91.7	90.5	92.5
真机最高效率（%）	94.5	95.3	95.8	94	92.5	(95.5)
额定转速（r/min）	85.7	92.3/90.9	112.5	93.8	125	75
飞逸转速（r/min）	158	170	215	180	256	165

	大古力（美国）	伊泰普（巴西）	古里II（委内瑞拉）	克拉斯诺雅尔斯克（苏联）	龙羊峡（中国）	三峡（中国）
吸出高度（m）	−3.6	—	—	−2.5	−1.0	−5.7
轴向总推力（t）	—	—	—	1245	1350	3402
转轮重（t）	408	315	136	240	125	450
发电年份（年）	1978	1984	1984	1967	1987	…

这样的庞然大物又怎么制造和运输呢？把机组分解开来看，最大部件是水轮机的转轮了（图 1-4-4），它的最大外径 10.1m、高 5.85m，重约 450t，已超过国内制造厂加工设备的承载和加工能力，也超过铁路运输限制。但是这难不倒人，我们可以增添制造厂的专用设备，在工厂整体制造后通过海运及江运运到工地（如果在滨海的工厂制造）或通过公路和水运送到工地（如果在内地工厂制造）。当然也可分片制造运到工地再组焊成整体。发电机的外形尺寸更大，例如定子机座外径达 22～23m，高 5～6m，相当于一座会议厅，但不难分瓣设计、制造，运到工地后组焊成整体（图 1-4-5、图 1-4-6）。

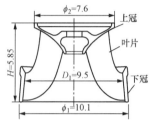

图 1-4-4 三峡水轮机的
转轮结构（单位：m）

图 1-4-5 32 万 kW 的龙羊峡水轮发电机在吊装（三峡水轮发电机容量是它的 2.12 倍）

图 1-4-6　巨大的水轮发电机定子在下线（葛洲坝水电站）

水轮发电机组还需要许多辅助机械，如调速器、自动化元件、励磁机等。别小看这些设备，我国目前制造这些"辅机"的质量较差，与国外先进水平相比差距较大。这对保证电站安全经济运行影响很大。我们必须从现在开始就组织力量进行攻关，并引进必要的关键技术和元件，使之达到国际水平。

在机组安装方面，我国具有强大的力量和丰富经验，而且在葛洲坝水电站中创造过一年安装投产 6 台大型机组的纪录，只要合理组织、充分准备、流水作业、均衡生产，实行严格的科学管理和控制，每年投产 4 台机组是可以实现的。

第二节　电气设备与金属结构

水轮发电机组发出的强大电流，要通过变压器升到 50 万 V 的高压，再用架空线送到出口杆塔，那里共有 15 回输电线路分送到千里以外的用电区。这些输电线路中既有 50 万 V 的交流输电线，也有 ±50 万 V 的直流输电线。在输变电系统中我们要制造和安装大量的超高压控制电器；对于直流输电线路，还需要换流装置，技术上更为复杂。我国能够生产这些电气设备吗？

外观最庞大的是主变压器，它能将发电机输出的电压 1.8 万 V 升压到 50 万 V。我国从 80 年代起就制成第一批 50 万 V 级的变压器，1987 年这批产品已通过国家级运行鉴定，已有 6 年以上的运行经验，至今未发生过事故（图 1-4-7）。三峡工程所需的主变压器，虽然容量更大，但生产它们所需的关键制造设备和关键试验设备都已具备，关键材料可按正常渠道购进，运输问题也可解决。专家们认为国内生产三峡工程的主变压器是可能的。

图 1-4-7　我国生产的 50 万 V 变压器

在交流 50 万 V 电气设备中，关键是六氟化硫（SF_6）全封闭组合电器（GIS）。我国的高压开关厂已引进国外技术，生产、制造和应用了高压全封闭组合电器，预计再经过几年努力，可以完成关键设备的生产线和试验设备（图 1-4-8）。

图 1-4-8　西安高压开关厂生产的 50 万 V 组合电器（GIS）

其他的 50 万 V 交流电气设备已在葛洲坝水电站、元宝山火电厂和凤凰山变电站等地采用运行多年。我国已引进有关技术，可以自制生产三峡工程所需的这些设备。

总之，到 1990 年止，我国已建立交流 50 万 V 的输电线路 7100 多公里，有丰富的运行经验，我国已引进制造交流 50 万 V 电器的技术，并不断扩大完善，到三峡工程建设时，我国是能够自己生产制造这些超高压电气设备的。

最复杂的是超高压直流输电设备。直流输电有很大优点，但必须先把交流电通过换流器换成直流，生产这样大容量的换流装置是国际上机电技术的最新成就。我国自行研制的 10 万 V 舟山直流工程已投产（图 1-4-9），进口外国设备建设的葛—沪±50 万 V 直流输电工程也早已投产，取得可贵的经验，可供借鉴。我们已引进外国公司±50 万 V 直流输电设备的制造技术，三峡工程所需的成套直流设备可以在上述基础上，引进关键设备和元件（主要是换流阀的元件），并经中间性工业试验后在国内生产。

(a)

(b)

图 1-4-9 舟山 10 万 V 直流输电工程

（a）换流阀大厅（1987 年摄）；（b）晶闸管换流阀

三峡工程还需要制造安装大量的巨型金属结构（图 1-4-10），包括近 600 扇大型闸门、130 台大型启闭机、26 条大型引水钢管等。这些金属结构的布置和规模与国内外一些大型水电站相仿，当然，有的将超过目前世界水平，例如起重量为 1100t 的坝顶门式启闭机和直径达 12.3m 的压力钢管等。根据国内外经验，这些金属结构和设备在技术上是可行的，也可以立足于国内生产。当然，在下阶段工作中还要在设计、材料和焊接加工各方面作进一步研究和提高。

图 1-4-10　美国鲍尔德水电站巨型钢管和三峡水电站钢管的比较（虚线为三峡钢管）

第三节　水电站的自动化监控

一百多年前当人们开始建设小型水电站向河流获取动力时，电站内的设施是非常简陋的。控制设备和仪表很少，机组的开机、停机和应付负荷的变化全凭人的视觉，由人工用手来操作。水电站的规模扩大后，控制和监测系统愈来愈复杂，控制室内设置了长长的控制盘，装设了各种按钮、开关、指示仪表、信号灯，不停地检查、测量从水轮发电机组到开关站、从进水口到尾水渠的一切工作状态。机组的启闭、调速、励磁、保护装置等操作均已改为自动化，值班人员只要按一下按钮就可以了。中型及大型电站的运行人员也增加到数十人甚至数百人。这种运行操作和当年的小水电站已不可同日而语，但仍是由人工操作控制的，可以称为"模拟控制监测系统"，也称为常规自动化系统。配合遥控、遥测和工业电视，一些水电站已实现了无人值班，由远方操作。

电子计算机兴起后，繁重紧张的人工操作一步步转由计算机来执行，进入又一个境界。当然，各水电站根据其规模大小和历史条件，自动化和计算机化的程度是大不一样的。那么三峡水电站的调度、控制和监测的自动化程度又将如何呢？

作为世界上最大的三峡水电站，它对运行中自动化和计算机化的要求是不同一般的，必须达到很高的水平而且有很高的可靠性。这不仅因为它的规模大，更由于它本身是个复杂的系统工程。

三峡水电站是三峡水利枢纽的组成部分，它要满足防洪、发电、航运的综合要求，要取得全局最大效益，它必须和水情测报系统、升船机、船闸、泄洪、冲沙设施等监控系统联成网络，实行综合调度。在发电方面，它要和葛洲坝电厂作为一个整体，进行梯级优化调度，以承担系统调频、调峰和事故备用任务，同时还要满足下游水位、流量的要求。在这样一个庞大的系统工程中，要满足这么多部门的综合要求，要取得全局的最优效益，要不间断地检测分析成千上万个数据并做出判断，离开高度自动化和计算机化是不可能的。

计算机所起的第一层次作用，是完成大量数据高速及时地采集、打印、制表、记录和进行趋势分析，并迅速传递给运行人员以指导操作。一切必需的数据，从水情（气象、雨量、流量、水位、含沙量）、工情（各建筑物的工况、应力、变形、震动、闸门开启度、流速、压力……）到机组运行情况（电压、电流、周波、出力、温度、转速、推力轴承油压、油温）、开关站运行情况、电力系统情况……都将准确、及时并以方便的形式送达和显示在运行人员面前。计算机所执行的这一任务，大大减轻了运行人员的劳动强度，也大大提高了数据的准确性和及时性，但它并不直接参与对主设备的控制操作，后者仍采用常规自动化系统，由人操作。

为了完成数据采集功能，我们将在厂房内（每台或每2台机组处）、开关站、换流站、泄洪道等地方，分别设置现场控制系统，进行数据的采集监控，一方面在现场直接显示、打印、记录，供现场运行人员使用；一方面集中送到中央控制室中做进一步处理。第二层次是在中央控制室中布置计算机系统（一般设置双计算机系统），有控制台、调度台、显示器、打印机，以处理所有传递来的信息，处理后传送到各处。这种布置称为分散、层式结构。

计算机自动监控的进一步发展，是以计算机为基础的操作系统。这时，电站的主要控制功能以及数据采集、分析、决策、操作、监测都由计算机来完成。常规控制系统装置可以大大简化甚至取消，只保留少量功能，作为备用或紧急备用，不但可以减少运行人员数量，而且工作条件将十分优越轻松。这是水电站实现计算机监控的最终目标和发展方向，在外国某些大、中型电站中也确已实现。这个前景虽然美好，但存在一个问题：即要求计算机系统十分可靠，否则，一旦发生故障，后果就非常严重，不像前面所述的做法，万一计算机系统发生故障，仍能维持电站的正常运行。

为了解决既要先进又要可靠的矛盾，有些水电站采用了计算机和常规装置双重监控系统。这正像航天飞机既可由计算机操纵驾驶，又可由宇航员手动驾驶一样。这样就达到高度的可靠性了。当然，这将使系统复杂，并增加造价。不过，对三峡水电站来讲，似乎是应该的。

三峡水电站监控系统的最终方案还要作进一步的设计选择。许多人都满怀兴趣地注视着最终的方案。我们相信，这一定是一个有高度可靠性的先进、经济的方案。

图1-4-11和图1-4-12中画了一些设想的单元现场控制系统和电厂主控制室的透视图，可供我们遐想。

我们对三峡水电站主要设备的简要介绍就到这里结束。现在，我国机电制造战线上的职工正以极大的热情关心着三峡工程，而且用实际行动进行了攻关和准备，包括前期工作、科研工作和技术改造。他们不仅正在奋力制造规模和难度接近三峡工程的

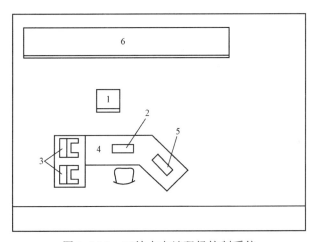

图 1-4-11　三峡水电站现场控制系统

1—半图形显示器；2—功能键盘；3—打印机；4—操作台；5—通信设备；6—单元现场控制盘

图 1-4-12　三峡水电站厂房的主控制室

机组、变压器和超高压电器，而且扩建厂房、增添大型加工设备、建立高精度水轮机模型试验台，为三峡工程设计了第一流的转轮，技术参数和效率达到国际先进水平，甚至对具体制造方案、运输条件和低水头发电条件都做了详尽研究（图1-4-13）。他们正摩拳擦掌，等待着中央对三峡工程的决策。机电部何光远部长，在国务院三峡工程审查委员会上代表有光荣历史的机电行业已明确表示："在国内制造厂现有的技术水平和制造能力的基础上，进行必要的技术改造，并借鉴国外的成熟经验，立足于国内制造三峡工程所需的设备是可行的"。这个信息，是对一切关心三峡工程，并持有疑虑的同志的一个明确答复。

图1-4-13　壮观的哈尔滨电机厂车间内景

必须指出，立足国内和引进先进经验并无矛盾。我国在研制三峡工程的设备时，必然会引进一些关键技术，采购一些关键材料、零部件和少量配套设备，或以我为主联合设计生产，为此也要利用一些外资。总之，我们认为，我国的机电制造行业能够挑得起研制三峡工程设备这副重担，而且通过制造三峡工程设备，可以使我国机电制造行业进入世界第一流的水平。

第五章

三峡水电站与电网

第一节　三峡水电站的运行

三峡水电站投产后，它将如何运行？和电网间又是什么关系？

本书在前面曾一再解释过，三峡水利枢纽是一座宏伟的综合利用工程，它的调度运用要满足国民经济各部门的要求，要取得全局最大效益，要进行联合调度。作为枢纽组成部分的水电站也要在上述大原则下运行，而不能只考虑发电效益来操作。在本章中我们将扼要介绍一下几个基本情况。

（一）三峡水库的水位运用过程

三峡建库后，正常的蓄水位是 175m 高程，但不是一年中都维持在这个高水位上，而是有很大的变化（图 1-5-1）。为方便起见，我们从每年的 6 月份说起。

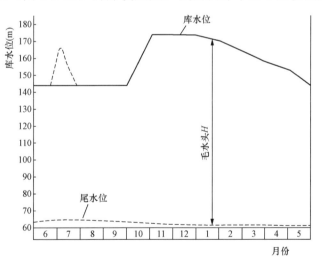

图 1-5-1　三峡水位年变化过程

从 6 月起，长江进入大汛期，水库库水位必须降落到一个较低的水位 145m，称为汛期限制水位。其目的，一是腾出很大的库容来拦蓄可能出现的大洪水，以满足防洪需要，这是三峡水库的主要任务之一，图中虚线就表示遭遇百年洪水时的库水位升降过程。其次，汛期流量大，挟带的泥沙量也大，降低库水位可以利用汛期大量泄洪排沙、冲沙，以长期保持水库的有效库容，并减少上下游航道和工程地区的淤积。这一"汛期限制水位"要维持到汛末（9 月）。

从 9 月下旬或 10 月上旬开始，长江逐渐进入平水期和枯水期，我们要减少库水的下泄流量，水库开始蓄水，将库水位升高到正常蓄水位 175m。由于长江在汛末时的流量仍相当大，所以在一般年份情况下，只需一个月左右时间就能蓄水到正常蓄水位。从 11 月以后，长江流量显著减少，水电站一直根据来流量发电，使库水位维持在 175m 高程。当来流量进一步减小时，就由水库补足，库水位缓慢下降。到次年 5 月初，库水位下降到 155m，这个水位是为了满足当时上游通航要求的最低水位，不能再下降。否则对库区航运有妨碍，也不利于发电。进入 5 月份后，为了迎接汛期，才允许将库水位再降到 145m。5 月份川江天然流量已相当大，所以库水位虽再次降低，却仍能满足通航要求。这就是一年中三峡库水位的循环变化过程，这样的调度方式能全面满足和照顾防洪、发电和航运的要求。

（二）长江的流量变化

长江每年通过三峡的总水量（年径流量）有 4500 亿 m^3，平均流量是 13900m^3/s。但它在年内的分布很不均匀，绝大部分水量都在汛期排泄，枯水期中流量较小。图 1-5-2 中曲线①表示天然流量过程❶。

三峡建库后，适当地拦蓄了汛末期的水量，相应增加了一点枯水期流量，见图中的曲线②。这种作用称为水库的调节作用。调节作用的大小取决于水库调节库容对年总水量的比值（库容系数）和水库的调度运行方式。三峡水库库容的绝对值虽然很大，但与长江的年径流量相比就很小了，加上运用条件的限制，使得三峡水库对长江流量所起的调节作用十分有限，只要比较一下图 1-5-2 中的曲线①和②，就可确认。三峡水库的这一特点，一方面限制了三峡工程不能发挥更理想、更巨大的发电效益；另一方面也消除或减轻了由于建库而产生的泥沙、生态和环境等方面的问题。

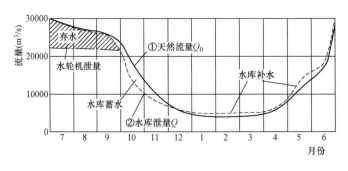

图 1-5-2　三峡水库泄流量过程线

在图 1-5-1 中还表示有三峡水电站的下游水位（尾水位）的变化过程，它比较平稳，取决于三峡枢纽泄放的总流量以及下游葛洲坝枢纽的库水位。三峡枢纽库水位和尾水位之差，就是用来发电的毛水头 H。

___

❶　为了醒目起见，曲线①是将每月平均流量点（放在每月 15 日）联结而成，以示出总的趋势，而消除了一些尖峰流量。曲线②同此。

（三）三峡水电站的运行

有了水头 H 和流量 Q 的过程线，三峡水电站在一年内的发电过程也就大体确定。因为，水电站的理论出力就是 $9.81\eta QH$（η 是机组的效率）。

但是，并不是从三峡枢纽泄出的流量都能发电。在汛期，如果长江的来流量超过水轮机组的总泄量，而按照调度原则又不能拦蓄在水库中时（水库中腾出的防洪库容要遭遇较大洪水时才开始拦蓄），超过的那部分流量就要从泄洪孔中泄放，不承担发电任务。这部分水量称为"弃水量"（见图 1-5-2 中阴影部分面积）。当遭遇大洪水时，水库要进行适当拦蓄，但仍需退回到汛限水位，将拦蓄部分放掉，造成"弃水"。

进入枯水期后，如前所述，电站尽量利用长江的来流量发电，流量显著减少后，适当由水库补水。但不能使水库消落过快。因此，在枯水期，电站的出力要减少。电站的最小日平均出力是 499 万 kW（保证出力）。

除此以外，还要求水电站必须为下游提供最小的航运流量。

根据上述运行方式，我们可以计算出三峡水电站的逐年发电过程，确定它能提供的电量、容量。根据对以往长系列的水文数据演算，三峡水电站多年平均发电量是 840 亿 kW·h，保证出力是 499 万 kW。

这样看来，三峡水电站在一年各月中的发电能力是大有出入的。在汛期，长江流量巨大，26 台机组可以全部满发运行，最高出力达 1768 万 kW，而在枯水期，三峡水电站的日平均出力可能降低到 499 万 kW（保证出力）（见图 1-5-3）。这不禁使人怀疑，三峡水电站装这么多的机组有必要吗？因此，有些同志说，三峡水电站装机 1768 万 kW 是骗人的，实际上只有 499 万 kW，三峡工程的电能质量是很差的，消化不了的。修建三峡工程必须再配置大量火电厂，是不经济的等。有意义的是，由电力方面专家和领导组成的审查组，经过详尽研究，则要求在设计中为今后三峡水电站扩大装机容量留好余地。区别如此之大，奥妙何在呢？这个问题我们将在下一节中解释。

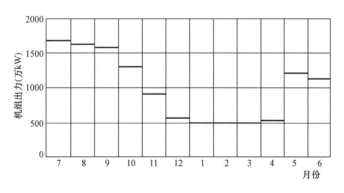

图 1-5-3　三峡水电站月平均出力示意

第二节　三峡水电站和电网的关系

上面提到的一些问题，实际上适用于中国的大多数水电站。其实，对三峡水电站而言，相对讲还比较理想。例如，三峡水电站的年利用小时为 4751h（全年共 8760h），有的水电站还不到 3000h，仍在继续扩机，这究竟是什么原因？

原来，如果水电站是一座孤立的电源，由它单独向用户供电，那么上述问题就很难解决了。问题是三峡水电站和其他主要的水电站一样，都是并入巨大的、统一的电网运行的，上述问题就好解决，水电站的某些看上去的缺点甚至变成优点了。

现在我们用通俗的话解释一下三峡水电站是怎样在电网中发挥最大效益的吧。首先谈谈在枯水期这 26 台机组怎么使用。众所周知，任何水电、火电机组都不可能长年运行，永不停机，甚至利用小时也不允许太高，否则就是拼设备"吃老本"，大大影响机组运行寿命，最后导致发生毁坏性事故。机组必须隔一定时间停机大修，大型机组的大修期需几个月。三峡水电站的每台机组如平均 5 年检修一次，每年就有 5～6 台机组要检修，这一工作正好安排在枯水期进行，欠发的电量由火电弥补。

其次，电力生产的特点就是发电、供电、用电在同一时间完成。而每天 24h 中的用电负荷却很不均匀，往往出现高峰和低谷（图 1-5-4）。我们正好利用水轮机启闭灵活、经济的特点，让它承担峰荷。所以在枯水期中，三峡水电站的 26 台机组有的在大修，有的在承担基荷（图 1-5-4 中的①，为了提供下游通航流量，这是必需的），有的在承担峰荷（图 1-5-4 中的②，开开停停，每日运行若干小时），有的可以作紧急备用。

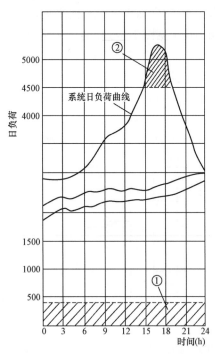

图 1-5-4　日负荷曲线和三峡水电站的运行位置

不要忽视后面这个作用，因为电力系统随时可能发生事故，失去一部分供电能力，这时就必须紧急启动备用机组顶上，以免事故扩大甚至发生整个系统瓦解的大事故。三峡机组正好作为强大的备用动力，要是没有它，电网中也必须建设相应的火电机组空载运行以防万一。这样看来，枯水期中 26 台机组各司其职，一台也未闲着。实际上，水电站的装机容量也正是通过这样的全局分析确定的，都是必需容量❶。

不过，三峡机组承担调峰运行后，一天中忽而发电一千几百万千瓦，忽而减少到几百万千瓦，相应的泄流量也忽大忽小，这对下游河道特别对航运中的船只来讲是不能容许的。这里就要依靠下游葛洲坝这座反调节水库了。三峡水电站泄流量的大起大落，通过葛洲坝水库的调蓄消化，就可限制下游水位和流量变化的幅度和变率。为了使这些因素能在容许范围内，也为了向下游提供最低通航流量，三峡水电站的调峰能力就不能无限制增加。经过深入分析研究，才确定 1768 万 kW 的装机是可以充分利用的，但

❶　专门为利用季节性电能而设置的容量称为重复容量，三峡水电站全为必需容量。

这是指当前情况。不久的将来，当长江上游干支流中大水库逐步建成后，对下游流量的调节能力将大大增高，那时三峡水电站就需要"扩机"了。

在夏季，长江流量巨大，三峡水电站将以全部机组投入运行，而火电机组则可安排在此时进行大修。夏季的调峰问题怎么解决呢？这要安排一些库容系数大的水电站、启动较灵活可以作调峰运行的新式火电机组以及抽水蓄能电站等来解决。所以，必须把电力系统作为整体来考察，才会得到客观、科学的结论，否则就会得出片面或扭曲的结果。例如，有些同志总认为水电站利用小时低，不如火电实惠，但这是不全面的，正是利用小时低的水电站的存在，才使火电机组可以稳发满发；正是利用小时低的水电站的存在，才使电网能安全、经济、灵活地运行。核电站的投入，更需要水电站和抽水蓄能电站能的支持。这就是为什么在兴建大亚湾核电站的同时必须同步建设流溪河抽水蓄能电站的原因。

关于水电和电网的关系，能源部黄毅诚部长有一句名言："电网离不开水电，水电离不开电网"。对于三峡水电站来说，这两句话的正确性更是清楚无比：电网离不开三峡水电。因为三峡水电站（连同它的组成部分葛洲坝电站）提供了 1000 亿 kW·h 以上的再生、清洁、廉价的电能，提供了 2000 万 kW 以上的容量，它是电网中不可缺少的能源，它是电网应付重大事故的有力保障，它将极大地提高电网运行的经济性、安全性、灵活性和可靠性。反过来说，三峡和葛洲坝水电站也离不开电网，它们只能在投入强大的华中、华东电网中，才能进行合理的调度运行，才能消化吸收所发出的巨大电能，才能发挥最大的效益。

第三节 西 电 东 送

从第一章中国能源蕴藏分布示意图中可以看出，要满足各地区能源需求，有两大潮流是避免不了的，这就是北煤南运和西电东送（图 1-5-5）。北煤南运，指的是将集中蕴藏在山西、陕北和宁夏、内蒙古一带的煤，通过陆路和海运向华中、华南、华东输送。北煤南运早已在进行，现在正在加快铁道、港口建设，扩大输送量。西电东送，则指大量开发蕴藏在我国西部的水电资源，以输电方式向东部输送能源。这件事现在仅在起步，但也是势在必行的。

"西电东送"大体上有北、南、中三条渠道。

北线，是开发黄河上游的水电资源，向华北输电。但黄河上游总的水电资源有限❶，而广大西北地区开发伊始，因此从宏观上看，不可能有大量电能外送，较可能的是西北、华北联网，"西水东火"，相互支援，获得最大的联网效益。

南线，是开发云南澜沧江和广西红水河一带的水电资源，向广东输电。目前红水河上的水电"富矿"正在加速开发，澜沧江上的水电开发也已开始，天生桥一级、龙滩和小湾三大骨干枢纽建成后，就取得了基本胜利。天生桥至广州的线路正在建设，中央、广东和西南有关省区已就集资开发水电资源取得共识，签订协议，不妨说，南

---

❶ 从龙羊峡至青铜峡，1023km 河段中水能总蕴藏量为 1133 万 kW。

线的"西电东送"已经起步，今后必会加快步伐，及早实现。

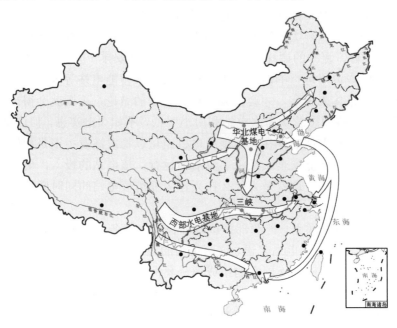

图 1-5-5　北煤南运和西电东送

最吸引人的是中线。这里，集中了长江上游干支流的巨大水电资源，堪称举世少见。金沙江、雅砻江、大渡河、乌江……都是水电资源极为丰富的江河，三峡和葛洲坝水电站是这一水电群的最东的两个点子。葛洲坝水电站和葛沪线投产后，已开始向上海送电，跨出了可喜的一步。但只有三峡水电站建成，才可说是真正实现了西电东送的第一步目标。

三峡水电东送是一项跨世纪的宏伟工程，但上游干支流的资源更为丰富。仅金沙江虎跳峡至向家坝间 9 个梯级，就可开发水电 4789 万 kW，年发电量 2610 亿 kW·h。雅砻江、大渡河中下游均有两千万 kW 的资源，乌江也近 870 万 kW。合计近 1 亿 kW，已建、在建仅 581.5 万 kW。开发这些资源，不仅可以满足西南地区需求，而且可以大量东送。三峡水电站的建设，是西电东送的主要支撑点，为充分加速开发这一宝藏，为实现大规模西电东送创造了最好的条件。有些同志建议，先开发金沙江水电东送以替代三峡，其实，从宏观上看，从电力电量平衡要求来看，金沙江上的水电群，特别是最靠东部的向家坝等枢纽的开发期决不会远，在第三章中我们已说过，它们和三峡水电站不是不能并存的对手，而是携手共进的"弟兄"。只是由于三峡工程有巨大和急迫的防洪、航运效益，输电线路要短数百至一千公里，前期工作也做得可靠落实，才被推荐稍先于金沙江水电群开发。

当然，我们也不应该忘记在更西部的西藏自治区中还有一条巨大的雅鲁藏布江和它所拥有的几千万千瓦的水电资源。不过，它的开发问题和"西电东送"问题不妨留给我们的下一代研究。

"西电东送"大规模地实现后，我国的电力结构将更趋于合理，北煤南运的压力可以适当缓解，我国的四化大业将得到有力的支持和推动。三峡水电站是实现这一伟大目标的关键工程和先行工程。

第四节 全 国 联 网

世界各国电力工业发展的经验告诉我们，电力系统愈大，调度运行就愈能合理和优化，经济效益就愈好，应变事故的能力就愈强。所以很多发达国家都已联成统一的国家电网，甚至联成跨国电网。这可以说是现代化电力工业发展中的重要标志。我国也必然要向此方向发展。

现在我国东北、华北、西北、华中、华东已成立五大地区性联合电网，其容量占全国总容量的71%。南方两广、贵州、云南四省也可望很快形成华南电网。今后，这些地区性电网能否相互联接很大程度上取决于是否出现合适的巨型电源点。

三峡水电站发电能力巨大，地理位置适中，东连上海、西接蓉渝、北达京津、南至广州、距离均在1000km上下，是形成全国统一电力系统的理想支柱（图1-5-6）。

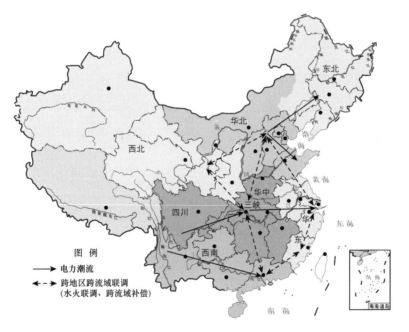

图 1-5-6　全国联网

形成全国性电网后，将大大有利于优化电源结构，充分利用水能，火水互补，相得益彰。可充分利用各地区的时间差和负荷特性差，收到巨大的错峰效益。因为我国幅员广阔，各地区不仅有时间气候差异，人民生活习惯和工农业构成及发达程度也不相同，直接影响电力负荷特性。例如华北电网最大负荷出现在冬季，而华东则在夏季。每天负荷高峰时间也不同，联网就可收到明显的错峰效益。

大联网还可以进行跨流域补偿。各地区河流径流丰枯变化并不同步，各水电站水库调节性能大不一样，将它们联在一起进行优化调度，可以大大提高综合保证出力，减少火电装机容量，真是一举数得。

大联网可以大大减少系统的备用装机，包括负荷备用、事故备用、检修备用，它们通常要占全系统出力的 20%～25%，才能保证系统安全、可靠运行。将众多的大中型水电联成一体，就可进行整体系统调度，减少备用而保证安全。

总之，三峡巨型水电站的建成，将为全国电力系统大联网提供现实条件。建设三峡工程也就吹响了中国电力工业走向最高层次的号角。在幅员辽阔的社会主义中国大地上实现统一电网，不仅在经济上和运行调度上取得巨大效益，而且将充分证明中国的强大和统一，证明中华民族举世无双的凝聚力和向心力，证明社会主义制度的优越性，它将在政治上产生不可估量的影响。

实现全国联网，并不是非常遥远的事，更不是某些人士的梦想，而是中国人民必然要做成的千秋宏伟大业。让我们满怀信心、团结一致、齐心协力、为尽早实现这一美妙境界而努力奋斗吧。

结　　语

　　写到这里，这本小书似乎应该打上句号了。但是，笔者总觉得言虽穷而意未尽。流年如水，人寿几何。三峡下游、千百万人民翘首期待着，三峡库区，几十万移民等待着，水利工程师盼望着，能源工程师渴候着、航运职工想念着，江水无情地滔滔流着，为三峡工程奋斗终生的同志一批批离我们而去。这座宏伟的工程，中国人民几代的愿望，人类工程建筑史上的里程碑，什么时候才能开始实现呢？

　　因此，我愿意借不久前赍志而殁的中国水利界老前辈汪胡桢老师留下的两首诗和他自己所作的注解来作为本书的结语吧——汪胡老人在临终前不久，还伏在案上，用他那只仅剩下 0.1 视力的左眼，为三峡工程的建设作最后几分钟的研究，这就是中国知识分子和工程师的一颗心。

一、展望长江三峡

> 三峡滔滔年又年，资源耗尽少人怜。
> 猿声早逐轻舟去，客梦徒为急濑牵。
> 会置轮机舒水力，更横高坝镇深渊。
> 他时紫电传千里，神女应惊人胜天。

　　注释：此诗写于 1958 年春。其时我随周总理等一行查勘长江三峡，但见滔滔江水，不舍昼夜，巨大能源无谓耗掉；因而感慨万分，写成此诗。我觉得，李白时代三峡的"两岸猿声啼不住，轻舟已过万重山"的自然景象毕竟已经改变。人们可以思古，可以怀旧，但今日的当务之急是建高坝，置水力发电机组，以发出强大电力。此事如成，三峡电力可东送到我国东部地区，供发展工农业之用。我当时撕下笔记本中一张纸，写上此诗，署名黄河三门峡水库总工程师，送给周总理。周总理阅后笑曰："你双姓汪胡，又有工程师与诗人双重身份"。接着又说："长江三峡的巨大能源是要开发利用的。"

二、再望长江三峡

> 改革从来议论多，长江三峡竟如何？
> 莫因干支争朝暮，更勿拖延等烂柯。
> 建设方成新世界，更新才唱太平歌。
> 敢希海内诸贤达，慧眼同开看远图。

　　注释：此诗作于 1988 年 5 月读完《论三峡工程的宏观决策》各家文章之后。我认为，国家正在大力开发我国丰富的水力资源，长江干支流的水力资源将全盘利用。先支后干或先干后支，不过时间问题而已，用不到多加争论。尤其不宜提出三峡工程缓上或不上的论调。切望海内贤达从远大方面着想，捐弃成见，共同促进三峡工程。

三、再 说 几 句

我主张三峡工程应该采用碾压混凝土筑坝的新技术以节省水泥，节约资金，缩短工期，提前建成发电，又主张改革发放移民赔偿费的老办法，利用这笔资金来开办工农企业，发展科教文化。这样做，移民人数虽众，都会有就业或抚养的机会。对此我已另写专文，供政府决策参考。

我现年 91 岁，为了三峡工程，往往思绪如潮，常常夜不成寐。很想把我对于筑坝新技术及移民改革方案的建议写成小诗，以代替冗长的文件，但这是后话，容再努力为之。

参 考 文 献

［1］翟永平，吉华译．国际能源报告．北京：中国展望出版社，1990 年 6 月．

［2］中国水利学会主编．三峡工程论证文集．北京：水利电力出版社，1991 年 3 月．

［3］上海发展战略研究会编．三峡工程的论证与决策．上海：上海科学技术文献出版社，1988 年 10 月．

［4］中国水利学会编．三峡工程的论证．北京：中国社会科学出版社，1990 年 9 月．

［5］刘峻德主编．三峡工程论．北京：中国环境科学出版社，1990 年 7 月．

［6］马宾．我为什么主张上三峡．北京：中国展望出版社，1990 年 8 月．

［7］田方，林发棠主编．再论三峡工程的宏观决策．湖南：湖南科学技术出版社，1989 年 8 月．

［8］戴晴主编．长江、长江．贵州：贵州人民出版社，1989 年 3 月．

第二篇 ▶

千秋功罪话水坝

第一章

人 类 和 水

　　"巡天遥看一千河"，茫茫无垠的宇宙中，存在着无数个星系。其中有一个就是我们所在的银河系。银河系的形状有点像"铁饼"，它的中心部分——银盘的直径就达10万光年。银河系由几千亿颗恒星和迷漫的星云组成。在离银河中心2.5万光年的外围地带，有一个小小的太阳系。太阳系以母星太阳为中心，由围绕它运行的子孙们（九颗大行星、一些卫星和数不清的小行星与彗星）组成。从中心往外数，第三颗行星就是我们的家乡——地球。太阳系和地球是怎样形成的，至今还是个未解之谜，但我们可相信它们已有46亿年历史。不可思议的是，只有在地球上，经过漫长的历史演变出现了万物、人类以及人类创造的灿烂文明。

　　虽然从理论上讲，在外星系中应该有存在类似文明的可能，人们也不遗余力地想证明这一点。可是，用尽最现代化的探测手段，"上穷碧落下黄泉"地进行探索和呼唤，外星文明始终是个虚无缥缈的幻影。至少在范围达百亿公里的太阳系内，找不到哪怕是最初级的生命的痕迹，更不要说高等生物和文明了。外星人始终只存在于科幻小说之中。看起来，我们虽不敢断定地球人的文明在宇宙中是只此一家的，至少应体会到宇宙中出现这种文明的机会是何等之小。

　　是什么因素使地球这颗毫不起眼的星球孕育出智慧生物和灿烂文明？当然，有利条件是很多的：它离太阳的距离不远不近，它绕行太阳以及自转的速度不快不慢，它的表面被一层以氮和氧为主体的大气层包围和保护着，它有一个适当的磁场和黄道赤道交角……这些都是必要的，但我们千万别忘记另一个重要条件，那就是它拥有大量的水——液态、固态、气态水和结晶水。从太空看地球，有两个雪白的极冠，有浩渺的大洋，陆地上有江河湖泊，亿万吨水以降水和蒸发的形式在空中、地表和地下不断地循环着。地球简直是一个水的星球。水的存在和循环是地球孕育出万物的重要因素。生命，从最低级的形态起就起源于水中。

　　确实，水和生命是息息相关的。一个50kg重的人，40kg竟是水。一个人可以绝食一星期甚至数十天只依赖饮水而不死，但如果滴水不进，他的生命很快就会停止。对人类来说，水不仅不能断绝，而且少一点儿也不行，缺水、少水引起的后果是不可想象的。但是水又不能多，如果日日夜夜倾盆大雨，山洪暴发、江河泛滥、狂涛滚滚、万里汪洋，这将是什么景象？水还不能脏，请设想一下，如果江河湖海都遭污染，水都成为充满毒质的浆液，不能喝、不能用，水产灭绝，植物枯萎，这个世界的末日也就来到了。

人类这样离不开水，水的问题却是如此复杂，自然规律与人类对水的需求往往不一致，以致"靠天吃水"是如此的不可靠，人们就被迫要对水进行探索、研究、利用和控制，这样就逐渐出现和发展了一门学科——水利学科。为了要兴水利、除水害而修建的形形色色的建筑物就叫水工建筑物或水工结构。这本小册子要介绍的就是最重要的一种水工建筑物——水坝。

人类和水打交道的历史虽然可以上溯几千年，几乎是与史同来，但不可能一开始就对问题有清楚和全面的认识。我们的祖先开始修堤、筑坝和开渠，完全是被动的、鲁莽的，从而不断遭到失败。进入 18 世纪以后，尤其在 20 世纪中依靠科学技术和生产力的大发展，水利学科才逐渐建立在坚实的科学基础上，建坝技术也有了飞速的提高，取得了光辉的成就。但是在 20 世纪前半叶中，工程师们的考虑，主要集中在技术方面，对其他更深远的因素就研究得很不够了。这也难怪，水是那样普通，那样廉价，人们都会误认为水是取之不尽、用之不竭和不需要代价的天赐资源，可以无限制地消耗甚至糟蹋，不懂得要珍惜和保护水，也不懂得在修筑水工结构改造水利环境的同时，还会产生一系列深远的影响，这些都引起了大自然的无情报复。我们以后也将谈到这些问题。

现在，我们一同回到几千年前的原始社会，来复习一下我们的祖先和水打交道的恩恩怨怨吧。

第一节　从大禹治水和诺亚方舟说起

人们都说中国是有五千年历史的文明古国，那么，这部文明史是从什么时候开始的呢？

要回答这个问题，我们不禁想起"三皇五帝"的传说来了。可是对于所谓"三皇"（天皇、地皇、人皇，另一种说法是神农、伏羲、女娲），可信的史实真是太少了。这只能认为是我们的祖先在猜测人类怎样从原始人向文明人进化过程中，想象而且流传下来的神话性传说罢了。所以，西汉初的大历史学家司马迁在他的不朽名著《史记》中，没有三皇的记载，而从《五帝本纪》开始（有些版本中的所谓《三皇本纪》是后人所妄补的）。五帝指的是黄帝、颛顼、帝喾、尧和舜。在《五帝本纪》中，史实就比较多，特别对尧舜之世，记载更较具体可信。逃过秦始皇大火流传下来的一些古籍，像据说是夏、殷时期成书的《尚书》，都是从尧的时代开始的，而且已略有年月记载。看起来，说中国较可信的历史从尧、舜和三代（夏、商、周）开始，是大体不错的。

像《尚书》这样的古代典籍，恐怕在东周时期就没有几个人读得懂了。当时一个人如能读懂"三坟、五典、八索、九丘"就是个了不起的大学问家，何况是四千年后的今天。但是，在这些"佶屈聱牙"天书般的古籍中，却透露出一桩明确无误的历史事实，那就是在尧舜时代，中国经历了一场空前巨大的洪水浩劫。这场洪水淹没范围遍及黄河中下游和江淮一带，历时长达二十余年。那位为各部落拥戴的盟主尧帝，还专门召开四方部落酋长的议事会研究。尧帝望着一望无际的滚滚波涛，不由一声长叹，

"苍天呀苍天！这滚滚洪水，滔天盖地，横扫一切，包卷山陵，老百姓都活不下去了！谁能治它？"四方部落首领商议了一会儿，共同推荐夏族的酋长鲧来治理。尧对鲧并不信任，但也别无他法，起用了他为治水总管。

鲧上任后，应该说还是很卖力的。但他采取的是单纯的筑堤御水（堙障）的方针。按照当时的科学技术和生产力水平，当然是难以奏效的了。围了这里，决了那边，辛苦干了9年，耗费大量人力物力，毫无成效。这时尧已年老，由舜代理政务。这位舜帝掌权后很有一番作为，其中之一就是将治水无功的鲧流放到山东临沂一带杀了，并称为"四凶"之一。鲧成为因治水而牺牲的第一个官员。也许有些冤枉，所以老百姓说他死后变成了一只人形长毛的动物，或者说他化成了一只有三只腿的鳖，总之，他是死不甘心的。

舜继续召开部落首领议事会，研究怎么对付洪水问题。这次大家推荐了一个最合适的人，鲧的儿子禹。禹确实是个了不起的人物，他吸取父亲失败的惨痛教训，摸透了水势向下的特性，改变了单纯围堵的方法，而以疏导为主。他躬亲实践，手中拿了最原始的测量工具，实地勘察、研究水势，率领群众，疏通河道，使大水回归河槽，流入大海。经过十多年艰苦努力，终于取得成功。洪水消退了，平地露出了，老百姓又能安居乐业了。禹还带领人民开沟凿渠，引水灌溉，开发耕地，化害为利。禹的为人品格也非常可贵。他结婚后第四天就离家去治水，十几年中三次走过家门都没有进去，一心扑在治水上。他遇事总是一马当先，以身作则，经常光着双腿下水干活，风吹日晒，栉风沐雨，腿上的毛都磨光了，脸也变黑了，从而赢得了人民的爱戴。在舜去世后，禹就接替了他，当了部落联盟的总首领，并建立了我国第一个奴隶制国家——夏王朝。

对于尧舜时代的那场大洪水的详情，现在已不得而知。许多有关记载经不起深入推敲，或互有矛盾，因此引起许多学者的怀疑。有的人认为禹是个神话中的人物，实际并无其人，甚至认为禹是一条虫。有的认为禹的治水只限于浙东海涂一带，与中原无涉。由于在当地取得巨大成功，禹成为越族人崇拜的偶像，后来才传到北方，被汉族移植过去，成为全国性的治水神人和天下共主。这说法在没有更多论据前，还不足以推翻传统的记述。至于对那场大洪水的情况，我们还是可以推断出以下几点：

图 2-1-1　大禹塑像

首先，在那段时期，由于冰河解冻和气象发生灾难性的异常变化，出现了百川泛滥和连续多年的多雨、暴雨、丰水情况，去年大水未退，新一年的暴雨又降。这才会使人们处于绝境之中。

其次，当时人少地多，在浩浩大水面前，人们必然聚集退避到较高的丘陵或山坳中去，那位鲧爷采取的"围堵"（堙障）法，估计是筑堤保护人们的集居地，有些像今天的"民垸"或"防洪堤"，"御敌于国门之外"，不见得会去围堵无边无际的洪水。根据当时的生产力和技术水平，能用来挡水的恐怕只能是一些泥土、树枝和石块，时间一长、水头一高，或者未解决好内水外排问题，很难不被洪水攻破一点全局皆溃。几年下来，屡战屡败，鲧就逃不脱被惩办的命运了。但平心而论，鲧是一位值得肯定的人物。不仅由于他将全部心力投入治水，而且"堙障"也确实是治水中不可缺少的措施之一。鲧实际上还可能是中国历史上最早的一位坝工工程师。他的失误只在于没有找到更合理的综合治水方针。后世由于崇拜舜，把鲧作为四凶之一和罪人的典型，实在欠妥。我们应该为他平反。

而禹就聪明得多，他吸取父亲失败的教训，改以疏导为主。猜想起来，他一定找到了洪水所以排泄不畅的原因，将那些障碍物和瓶颈口清除、拓宽、挖低，大大增加洪水外泄的能力和速度，并不见得完全放弃了"堙障"的措施。这很有些像今天我们所提的"拦泄兼顾、以泄为主"的原则。开挖总比围堵容易，而且更见效。如果上述猜测不谬，禹实在可以胜任今天的水利部部长职务。

再次，禹的成功固然由于他采取了正确的治水方针，但也可能"叨天之福"。因为从水文气象的洪枯大循环来看，经过长达二十来年的丰水期后，总会转入较平较枯的时段，这就更有利于人们平治洪水了。但不论怎么说，洪水是在禹的手中平服的，他自然得到了至高无上的威望和权力。在以后的世代相传中，人们甚至把古代一切水利活动和许多鬼斧神工似的自然景观都附会在他身上，说他"凿龙门、辟伊阙、下砥柱"，他的足迹也遍及九州，上溯黄河到积石，西导长江于岷山，东南巡视到钱塘、浙东，死就葬在绍兴会稽山下。这里虽然有大量神化色彩，但也说明大禹治水的功绩已经深

图 2-1-2　大禹陵碑

深印入中国人民的心中，凝聚在大禹身上的种种优秀品德，也正是历代中国水利工作者献身精神的反映。直到现在，中国人民仍然崇拜着他，政府和各界人士仍然在隆重地祭扫大禹陵，缅怀他为人民做出的不朽贡献。

有趣的是，世界上至少有 28 个民族都有远古大洪水的传说，但比"大禹治水"要粗糙和简单得多。最著名的当然要推圣经中关于"诺亚方舟"的记述了。据《圣经》旧约中的记载，上帝创造了人类的始祖亚当和夏娃，他们因听了蛇的唆使偷吃了禁果，被逐出了伊甸园。世人都是他们的后裔。传到了亚当以后 1650 年时，人类不但数量日增而且已变得非常邪恶。上帝愤怒了，于是连降倾盆大雨，用洪水把所有的人都淹死了。独有已活了 600 岁的诺亚为人善良，上帝事先教他建造了一只方舟，

保全了一家生命，并把从猎豹到蜗牛的所有物种，都雌雄配对带上方舟。诺亚方舟在铺天盖地的洪水中整整漂了 40 天，终于存活下来。所以，诺亚可以说是人类的第二始祖。西方有无数人是深信此说的，甚至还有人声称在一座山头上找到诺亚方舟的遗迹。这个说法如属可信，倒不得不使我们对未来担心。因为今天人类不但膨胀到 60 亿，还打了两次世界大战（小战是无法统计了），甚至制造了原子弹。现代人的罪恶不知比诺亚时代的人们要坏上多少倍。何况人们还发射宇宙飞船，登陆月球、火星，窥看土星，对上帝的亵渎也够可以的了。看来上帝还会制造一次更大的洪水来消灭他自己创造出来的败类——就不知道还能不能再留下一只"诺亚飞船"。

东西方民族的传说有如此惊人相似的内容，恐怕很难说成"纯属巧合"。比较合理的解释应该是：在史前时期，地球上确实发生过一次历史性的、全球性大洪水，几乎毁灭了刚刚萌芽的人类文明。至深至巨的创伤，由先人向后辈一代代地口述流传下来，直到文字出现而被载入史册。所以我们说，人类的文明史是和洪水史、治水史同时开始的。水利史是人类文明史的主要组成部分。

值得指出的是，东西方对史前洪水的传说虽然相似，解脱之道却不一致。西方的神话中，人类之所以能延续下来，出自上苍恩赐。中国的记载却是人定胜天。还有更巧的事，对于人类文明发展中的另一重大因素"火"的发现，东西方也有截然不同的说法。希腊神话中，世间的火是由普罗米修斯从天上偷下来的，而且他因此受到大神宙斯的残酷和无尽地折磨惩罚。而中国人却说是燧人氏钻木取火获得火源。这样看来，我们的祖先比西方人更具有与自然斗争的可贵精神，而且并非只表现在治水方面，如历史上的四大发明也都首创于中国。实际上，直到 15～16 世纪，中国的科学技术水平仍然居世界前列。至于今天为什么落后？似乎不能责怪祖宗笨和无能，其原因恐怕还得到后代的不肖子孙们身上去找。

第二节　中国——古代水利奇迹的创造者

世界上有几个文明古国，例如埃及、印度、希腊、中国等，都有数千年的历史，开创了灿烂文化，为人类的发展做出了贡献，包括水利建设方面的贡献。

据考证，古埃及人民在五六千年前就利用尼罗河每年泛滥的洪水灌溉两岸的土地，并已会修筑一些矮的土堤进行围耕。公元前 2300 年左右曾在法尤姆（Fayoum）盆地建过蓄水库来调洪，但这都出自后代的记载。同样情况也发生在另一古文明发源地，即底格里斯和幼发拉底两河流域（今中东地区）。大约 6000 年前那里就有灌溉之利，4000 年以前已懂得开渠引水。著名的汉谟拉比（Hammurabi）法典中已有水利条款。3000 年前当地人民曾建成牛母卢（Numrood）水库向两岸供水。公元前新巴比伦王国修建空中花园还曾喷水洒灌，这也许是最早的喷灌技术。两河流域至今尚有古老渠道系统的遗迹。

南亚的文明古国印度，在 4500 年前已引印度河水灌溉和放淤。以后更广泛开挖灌溉渠道。古印度人还大量凿井，发展井灌技术。至今，印度和巴基斯坦的灌溉技术仍极发达和先进。

在上述水利工程中，必然要修建一些堤坝，但有较确切考证的最早的坝建于公元前 2900 年埃及第一代王朝。由曼奈斯王（King Menes）在首都孟菲斯（Menphis）城附近尼罗河的柯希什（Kosheish）处建了一座高 15m、长 240m 的石坝。以后，埃及第三或第四代王朝（公元前 2650～2460 年）在开罗东南修建了卡法拉（Kafara）坝或称异教徒坝，高 12m，顶长 108m。其结构型式是：上下游为两道干砌石墙，中间填以土石料。这些可能是有考证的人类历史上第一批挡水坝，但不久即遭洪水冲毁。叙利亚境内至今还有一座高 6m、长 200m 的填石坝，据说这是公元前 14 世纪末建成的。两河流域在公元前建成的坝尚有很多。东南亚的泰国留有 2500 年前建造的水坝。伊朗也有许多古坝留存。其他国家和地区在古代都对水利建设做出过努力和贡献。

虽然古代各国人民都曾对水利建设的发展有所贡献，但就水利事业延续之久、规模之大、探索之深，成就之多、人才之盛、文献之富、经验之丰以及遗留下来至今仍能发挥作用的水利工程之多，却以中国为最。这不是偶然现象，而有其社会和自然方面的原因。中国处于亚洲东部，西南是世界屋脊的青藏高原，西北部和北部是干旱沙漠地带。中国的疆域虽然辽阔，受气象和地理条件的限制，大部分国土处于干旱、半干旱和缺水、少水情况，而且雨量不仅年际变化很大，每年更集中在汛期倾泻，以致洪水暴涨暴落，水旱灾害频繁。据可靠的文献记载，从西汉王朝至今的 2000 年中，平均全国每年有一次大洪灾或大旱灾，中国还有一条世界著名的水患之河——黄河。总之，情况之严重，已给中华民族的生存和发展带来了严峻的挑战。我们在上节中说过，人类的文明史是和水利史同时开始的。对中国来讲，五千年历史更是一部中华民族的治水历史。正是依靠祖先辈一代又一代的拼搏，才使我们国家民族得以生存下来和不断发展，这在其他国家是少见的。

实践出真知、实践出经验。由于中国面临的水利问题特别严峻，中国在水利建设中的成就也特别惊人。在上节中，我们简单叙述了大禹治水的故事，在本节中，我们将再选择一些中国古代著名水利工程加以介绍。大量的事实证明，在长期的治水斗争中，中国人民充分发挥了聪明才智、积累了丰富的经验和教训，值得后人们认真研究分析，学习借鉴。

中国确实是古代水利奇迹的创造者 ❶。

芍　陂

这是一座在 2600 年前修建的真正意义上的灌溉蓄水库。主持其事的是春秋时期楚国的令尹（相当于宰相）孙叔敖。孙叔敖是一位出色的政治家、军事家和水利家，十分重视水利建设。他很早就组织修建起我国最古老的大型灌溉工程——期思雩娄灌区。楚庄王十七年（公元前 597 年），他再接再厉地主持修建芍陂工程。"芍"是地名，在今安徽省寿县境内，"陂"就是蓄水库的意思。芍陂位于大别山麓，这里东、南、西三面地势较高，只有北面较低，向淮河倾斜。孙叔敖根据地形特点，组织人力兴建蓄水

---

❶ 本节中的叙述，主要取自顾浩主编的《中国治水史鉴》一书（见参考文献 [2]）。

库，将从三面流泄下来的溪水，汇集在低洼的芍陂中，而在出口处修了5座"水门"，用石质闸门控制水量，水涨则开门泄放，水消则关门蓄水，这实际上就是一座石质的闸坝，其运用原理已与现代的蓄水库相符了。芍陂建成后灌田万顷，粮食大丰收，楚国国力也因此而增强。芍陂经历代维护整治，一直发挥着巨大效益。东晋时改名为"安丰塘"，现在仍是安徽省淠史杭灌区的重要组成部分。1988年国务院确定芍陂为全国重点文物保护单位。读者们如去安徽旅游，看到"安丰塘水库"时，可别忘了这就是2600年前的芍陂呀。

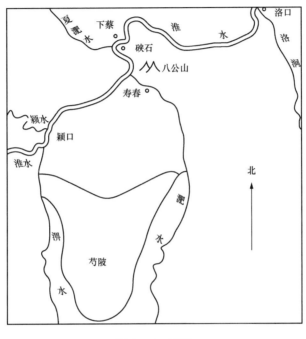

图 2-1-3 芍陂

都 江 堰

著名的都江堰位于四川省岷江上游。岷江是长江上游最大支流之一，古人甚至误以为岷江是长江正源（所以有大禹导江于岷的传说）。岷江出青城山后，就进入广袤的四川平原，东岸的成都平原更为富庶。但岷江水害严重，每年夏秋汛期洪水大至，泛滥成灾，汛后又河干水枯，形成旱灾，百姓苦不堪言。

春秋战国时，成都地区有一个蜀国。后来北方的秦国日益强大，征服了蜀国。秦昭王五十一年（公元前256年），秦国派李冰为蜀郡太守。这位李冰是个地道的懂得天文地理的水利大师。他详细了解岷江水害情况，经过周密研究，主持修建了著名中外的都江堰水利工程，不仅消除了水患，而且发展了灌溉和航运，使灾害频仍的成都平原变成了旱涝保收的天府之国，创造了一个奇迹。

都江堰枢纽位于岷江从崇山峻岭中奔腾而出、进入冲积平原的咽喉地带——灌县。它由很多建筑物组成，其中最主要的是鱼嘴、飞沙堰和宝瓶口三者。

先说说鱼嘴。这是一座修建在岷江江心的分水建筑物，形状像一条逆水而上的鱼的嘴巴。鱼嘴把岷江江水分为东西两股。现代术语可称为分水坝。西股叫外江，就是岷江的主流，主要起泄洪作用。东股叫内江，主要起引水进入平原区进行灌溉的作用。

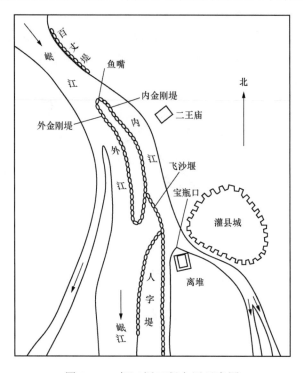

图 2-1-4 都江堰工程布置示意图

要在江心中修建一座分水建筑物是困难的，屡建屡被洪水冲毁。李冰并不气馁，利用当地盛产的毛竹，编成大竹笼，中填卵石，抛入江底，这种富有弹性、不软不硬、化整为零、集零为整的竹笼结构，终于站住脚跟，建成了鱼嘴。鱼嘴和一些辅助堤堰的设计是煞费苦心的，使在春耕季节大部分的岷江来水（60%）进入内江以满足灌溉需要。洪水季节，内外江的分水比例自动颠倒过来，60%的水进入外江排泄，真是妙不可言。

要将内江的水引入成都平原，还遇到一座玉垒山的阻挡。李冰将玉垒山凿开，建成一个引水口，人称宝瓶口。这个引水口宽约 20m，高 40m，长 80m，工程艰巨。内江水流入宝瓶口后，就分道进入许多大大小小的河渠，组成交错的扇形水网，灌溉着成都平原大片田地。

另一个重要的建筑物位于宝瓶口前的侧面，称为飞沙堰。当进入内江的流量超过宝瓶口的接纳上限时，多余的水量便从飞沙堰顶自行溢入外江。另外，从上游挟带下来进入内江的泥沙卵石也通过飞沙堰排入外江，以免宝瓶口和下游灌区淤积变浅，做到了"正面进水、侧面排沙"，这又是一项匠心独运的设计。飞沙堰实际上就是一座泄洪排沙闸。

以上三项主要建筑物，配合外江中的杩槎（即临时性挡水坝）和其他辅助工程（百丈堤、金刚堤、人字堤、量水石人、平水槽、马脚沱、节制闸……）以及渠系，组成一个科学和完整的水利枢纽。这个工程所用的材料全取自当地的毛竹、木材和卵石。当然，由它们构成的建筑物不能永久保存，李冰又创立了岁修制度（即"一年一岁修，五年一大修"）。岁修的原则除修复损毁的结构外，是把淤积在内江的泥沙尽量清除，保证水流畅通，并整修飞沙堰，不使其淤高。为此还得出"深淘滩、低作堰"的经验，并由后人扩充成一部"三字经"刻在石壁上以资遵循。

都江堰枢纽构思之巧妙，配合之科学，成效之显著，就是请现代水利专家来设计恐怕也难出其上。但李冰是在秦昭王年代中完成这一工程的，那时不但没有计算机的影子，也无从做水工模型试验，而且连最基本的水力学公式甚至最简单的计算方法也没有出现，李冰究竟是怎么设计和修建这座工程的呢？除了他的天才和超人智慧外，主要应归功于他将毕生精力投入水利事业的决心（据记载，他几年来一直在岷江边徘徊思考，审度水情），以及通过实践不断从失败中探索真理的精神吧。

图 2-1-5　都江堰

都江堰工程完工后，成都平原从此"水旱从人，不知饥馑，时无荒年，天下谓之天府"。李冰建都江堰至今已有2200年，经历代不断维修改造，至今仍在应用，新中国成立后经过现代化改造，灌区更扩大到1100万亩，效益愈来愈大。

四川人民十分崇敬治水有功的李冰父子。都江堰左岸山上建有二王庙，至今人们瞻拜不绝。

灵　渠

灵渠位于广西兴安县。它是一条人工开凿的渠道，把长江水系和珠江水系连结起来，对于祖国的统一和南北经济、文化的交流起到重要作用。长江和珠江两大水系中，隔着崇嶂叠岭的南岭山脉，要沟通它们谈何容易。灵渠做到了这点，其巧妙的规划和高超的建筑技术至今受到中外人士的赞扬。

当初修建灵渠是为了军输需要。秦始皇二十六年（公元前221年），秦国消灭了最

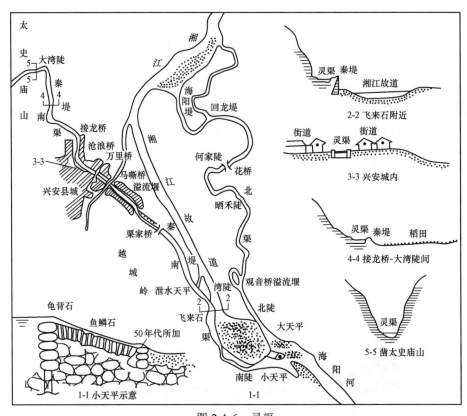

图 2-1-6　灵渠

后一个敌手齐国，为了完全统一全国，派了尉屠睢率兵五十万向南越（居住在南岭山脉以南的越人）进军。但这里都是重峦叠嶂、森林茂密，进军和后勤供应十分困难。于是秦王朝决定派史禄"凿渠运粮"。史禄的名字叫禄，"史"是个官职并非姓氏，他的真姓已查考不出了。史禄到南岭后，经过实地反复考察，找到南岭山脉最低洼口兴安县。其东，湘江向东北流入长江，其西，漓江向西南流入珠江。湘江的上源与漓江支流始安水最近处只隔 1.7km，中间仅隔一座高二三十米、宽三五百米的太史庙山。史禄经过周密计划，调用兵卒数十万，花了 5 年时间，在秦始皇三十三年（公元前 214年）凿成了灵渠。于是长江上的船只可以经湘江，穿灵渠，入漓江，进珠江。直到京广、湘桂等铁路通车前，在长达 2100 年的时间里，灵渠一直成为南北交通要道。

灵渠的设计相当复杂。由于年代久远，史禄最初开创的灵渠工程设施细节已不能查考清楚，但从经过以后不断维修改进的现存体系中探索，也可推测出大致格局。首先，他凿通了太史庙山，使湘江和漓江具备了沟通的条件。这条渠道现称南渠，从渠道开始到注入漓江的灵河口止，全长 33km，工程浩大。其次，也是更困难的是：始安水水位比湘江水位要高出 5～6m，流量则比湘江少得多。要完成通航任务，必须把湘江水位抬高 6m，才能使湘江水源源不断流向始安水，但又不能过量。为此，设计者在湘江中的合适部位，用巨石修建了一座人字形的（尖嘴凸向上游）拦水坝，一方面抬高湘江水位，一方面将湘江来水一分为二，南侧的流量引入南渠进漓江，北侧的流量另沿新开的北渠绕道流入原湘江。这座很有特色的拦水坝北面一翼称为大天平，南面一翼称为小天平，在尖嘴处还设有一个分水"铧嘴"。在枯水期，湘江上游来水自动按合适比例分别流向南北两渠，满足通航需要。洪水期间，多余水量可在天平顶上自行溢流，泄入湘江故道。天平形式和顶部高程的确定以及与分水铧嘴的配合，达到极高的科学水平，估计是经过多次实践调整才最后定型的。

要使船只从湘江经过北渠、南渠进入漓水，还必须保持两条渠道有合适的坡度。由于湘江水位已被大小天平抬高 6m，所以在开挖北渠时，故意将它挖得蜿蜒曲折，以减缓坡度，便于航行。南渠过了分水岭后，河道穿行于山区，坡陡流急，因此沿渠在水浅流急处设置了许多斗门，船队来到时，先在斗门处挡住河水，抬高水位，船队驶入后再放水下行。宋代已发展到上下斗门同时运用，这和现代船闸原理一样，比欧洲船闸的出现早了七八百年。

史禄等人在测量设备和技术十分落后、统一战争高度紧张的情况下，是怎么选择湘漓两水相距最近、水位相差不大、分水岭又不高的地方，并十分科学地完成灵渠工程的规划、设计和实施的，实在是个谜。灵渠建成后，历代经过 30 多次整修改造，为人民服务了 2200 年。1949 年后，由于已不需要它通航，经过全面整修后，灵渠成为一座服务于灌溉、城市供水和旅游的综合水利工程，我们在参观游览之余，一定能抒发一些"思古之幽情"吧。

浮山堰和木兰陂

上面介绍的一些水利工程都是造福人民的范例。但在战乱期间，统治者也会利用水利工程威胁、消灭敌人，例如众所周知的"关云长水淹七军"。其实，"打水仗"的历史可以上溯到公元前 512 年，吴国以水灌城攻灭徐国的史实。在南北朝时，双方更是大打"水仗"。大的水仗就有 16 次，最有名的就是梁武帝萧衍在淮河上修建拦河大坝浮山堰企图攻魏的故事。

当时南梁与北魏国势相若，东部国界在淮河流域一带。为争夺对淮河流域的控制权，经常发生剧烈的战争。后来，北魏占据淮河中游的军事重镇寿阳城（今安徽寿县），梁兵久攻不下。一名投降梁朝的魏国将领王足，向梁武帝提出一个水淹寿阳城的计策，即在今江苏省泗洪县的浮山峡口，拦淮河筑坝，抬高水位，回水 400 里，直达寿阳城，寿阳便可不攻自破。这位吃斋念佛的梁武帝居然会采纳降将的建议，派科学家祖暅（祖冲之的孙子）和水利官员陈承伯去浮山一带查勘，看看是否可行。

祖暅带领人马实地查勘后，认为从地形上看，在浮山峡筑堰确实有利。因为淮河地区一马平川，寿阳城离此虽远在 200km 以外，但高程相差不到 3 丈（约 7m），筑成浮山堰，大水不仅可回淹寿阳，还可淹没大批魏国国土。但浮山峡一带地基多为沙土，不宜建大坝，用现代话讲是：地形有利，地质不行。但梁武帝不听劝告，一意孤行，命令康绚主持在浮山峡筑坝堵水，以倒灌上游的寿阳城，逼魏军弃城撤退。

工程自天监十三年（公元 514 年）冬开工，发动士兵、民工达 20 万人，南起浮山、北至石山，两岸同时向河中进筑。第二年 4 月大坝快要合龙时，由于汛期到来，淮水迅速上涨，堰体即溃决了。人们传说淮河中有蛟龙，要用铁器投入水中驱蛟辟邪。于是向河中抛掷了几千万斤铁器，大至铁锚，小至锄锹，但合龙堰体仍未成功。最后到处伐木，制作了大量方井形填石木笼，趁枯水季节深入龙口，经过两年多努力，终于在天监十五年（公元 516 年）4 月，截流成功。据记载，整个浮山堰工程包括一堰一湫（溢洪道），堰长 9 里，底宽 140 丈（约 336m），顶宽 45 丈（约 108m），高 20 丈（约 48m），是我国古代最大的一座大坝，蓄水量可超过 100 亿 m³，淹没面积达数千平方公里，堪称大观。

另外，在堰顶上下游两侧各筑了一道子堤，子堤上还种了杞柳。对于特别长的堰堤来说，设子堤可以节省大量填方，栽杞柳可以防护堤岸，上游子堤还有防浪作用。这是我国坝工建设中关于防浪墙的最早记载。坝蓄水以后，上游几百里一片汪洋，大片北魏国土被淹，寿阳城被围困。但同年 8 月，淮河流域发生大水，淮河干流水位暴涨，浮山堰溢洪道泄水不及，大坝溃决，100 多亿 m³ 的淮河水直冲下游平原地区，声若响雷，150km 以外都能听见，致使下游广大地区遭受惨重损失，十多万人民死于非命，百姓叫苦连天，怨声载道。梁武帝竟把反对筑浮山堰的祖暅投入监狱以开脱自己罪责。

在二十四史的南史梁本纪中有关浮山堰只有两句话，一句是天监十三年"是岁……作浮山堰"，一句是"冬十月浮山堰坏"。丝毫未提"作堰"和"堰坏"死了多少人。梁武帝信佛舍身，相信因果，他后来被活活饿死在台城，也许就是一种因果报应吧。

和失败的浮山堰相对照的是更多的兴利工程。例如同样在梁天监年间，由地方官主持在浙江瓯江大溪上修建的通济堰，建坝断流、引水入渠，可灌田 2000 顷，经久不衰，直至现代。再如唐大和七年（公元 833 年）修建在宁波鄞江上的它山堰，可以"御咸（挡潮）、蓄淡、引水灌溉"，而且"堰身中空"，是座空心坝，至今堰体损坏不大，但为沙埋，可供凭吊。另外我们还可举出已损坏的秦代建于沁水上的枋口堰（是一座木坝）和已失考的汉代建于潍水上的潍水堰，以及建于褒河上的山河堰。后者至宋朝尚可灌田 23 万亩，为汉中最大灌区等。但也许最感人的还是福建莆田县木兰溪上的木兰陂，因为这是一个"民办工程"。木兰溪全长 100 多公里，在莆田县入海。北宋治平四年（公元 1064 年），长乐女子钱四娘看到当地干旱缺水，百姓贫困不堪，毅然变卖家产，在木兰溪上修建工程，造福一方。钱四娘和工匠们察看了木兰溪上下游地势，选择较上游的将军岩作为堰址（这可能是个失误，因为该处溪窄坡陡流急，并非好堰址）。钱四娘与民工们艰苦搏斗，建成了拦河坝，但竣工之日，恰逢山水暴发，大堰被冲毁，钱四娘也被洪水吞没捐躯。她的高尚情操鼓舞了人们，同乡林从世又继续领导施工，并将堰址下移到温泉口。但因离海太近，大堰又被海潮冲垮。至熙宁八年（公元 1075 年），由侯官人李宏和僧人冯智日主持，在上两次坝址的中间选择了溪流宽缓的木兰山下第三次修建，元丰六年（公元 1083 年）完工，已是钱四娘牺牲后的 16 年了。

木兰陂工程由拦河坝、渠道进水口、冲沙闸和导水墙组成，堰长 232m，高 7.25m，上设闸 32 孔，修建渠道数十里，灌田号万顷，沿用 900 年。现在木兰陂蓄水 3000 万 m³，灌田 20 多万亩，平均亩产超 1000kg。木兰陂已成为全国重点文物保护单位。陂旁有庙祭祀钱四娘、李宏等人。庙外黛山碧水，景色绮丽，春夏涨水之时，溪水漫陂入海，蔚为壮观，"木兰春涨"成为旅游胜景。

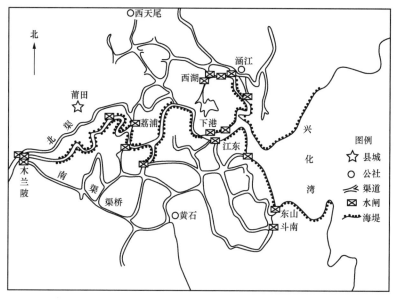

图 2-1-7　木兰陂灌区示意图

黄 河 大 堤

　　黄河发源于青海省巴颜喀喇山北麓，流经青海、甘肃、四川、宁夏、内蒙古、山西、陕西、河南、山东九个省区，注入渤海，全长 5464km，流域面积 75 万余平方公里，是中国第二大河。黄河河水灌溉着两岸广大土地，孕育出中华文明，人们亲切地称她为母亲河。可是黄河又是一条著名的灾难河，数千年来黄水泛滥又给人民带来无穷灾难，被称为"中国的忧患"。

　　为什么母亲河会成为灾难河？这主要是由于黄河上游流经黄土高原，干流和支流中的滚滚黄水不断冲刷肥沃的黄土，挟带着他们奔向下游，沉积在下游和海口。北起天津、南达淮河的广大冲积平原（黄淮海平原）都是黄河淤积形成的。黄河一出山区，实际上就没有固定河道，而在这广阔的大三角洲中摆动奔流，历史上已发生过多次大改道。生活在大平原上的人民不得不在黄河两岸修建堤防，希望将它的行水道限制和固定下来。至少在西周时，黄河堤防已具规模，战国时更已连绵百里。在人类的围堵下，黄河也许会在设定的范围内稳定奔流一段时间，但由于上游泥沙源源而下，河道不断淤高，两岸大堤也被迫加高，形成"水涨船高"的恶性循环，最后河床高出地面成为"地上悬河"。恶性循环的结果，在发生特大洪水时，滚滚狂洪终将摧毁束缚她的大堤，扑向两岸，横扫一切，泛滥成灾，并自然地形成新的河道，人们如无法迫使她回归故道，就只能在新河道两侧再次修堤约束，进行新的恶性循环。这样周而复始，就在黄淮海平原上留下许多黄河故道和大堤遗迹。

　　在这里我们就不再详叙黄河 26 次大改道的历史了，只说说最后一次改道和目前的河道与堤防。在明朝后期至清代中期，黄河一直是沿郑州、开封、砀山、徐州、宿迁、淮阴的河道东流出黄海的，到咸丰年间，下游河道已淤得很高（滩地已比两岸外平地高出七八米）。1855 年（咸丰五年）7 月份，大雨倾盆，河水猛涨，堤水相平，一望无际。7月4～6日，铜瓦厢（今河南省兰考县东坝头）终于溃决。决口后的黄水主流向西北冲击，分股漫流，最后夺大清河至利津县出渤海，其后清政府无力堵口，任凭黄水沿西北方向流入渤海，形成目前的河道。一百多年来，人民沿新河两岸不断修筑加高大堤，又形成今日的千里长堤。

为了适应黄河的特性，黄河大堤的布置和构造是十分复杂的。明朝潘季驯将黄河堤分为几类。最主要的建筑物当然是两岸的防洪大堤，这是防御洪水稳定河道的主堤。由于洪水流量巨大，两岸大堤不能紧靠河槽修筑，要建在远离河槽的滩地上，两岸大堤相距一般有 2～3km，最宽处可达 10 多公里。大堤的断面尺寸很大，明清时规定顶宽 7m（现在又有所加大），两侧的边坡约 1:3。堤高一般为 3～5m，高的地方可达 10m 甚至 14m。

但黄河的中小洪水流量不大，枯水期流量更小，均在主河槽（深槽）内流动。因此，沿着主河槽两岸又修建有缕堤（生产堤），用以约束一般洪水在主槽内流动，不使上滩，以起"束水攻沙"的作用，减少泥沙在河床内的淤积。缕堤和大堤间的广大滩地，一般仍可进行农业生产（图 2-1-8 所示曹岗断面中，仅一侧有生产堤）。但如洪水

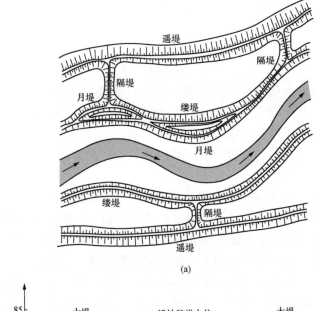

(a)

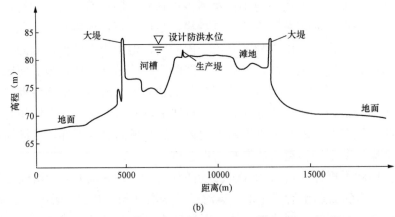

(b)

图 2-1-8 黄河大堤（大堤即古代遥堤，生产堤即古代缕堤）

（a）明朝黄河堤防布置名称示意；（b）黄河河南曹岗断面

来得较早较大，损失的风险是较高的。另外，由于我国人口增加过速，农民对利用滩地生产粮食的积极性很高，常会在汛期企图固守生产堤，以及在滩地上兴建许多妨碍行洪的建筑，这对防洪来说是很不利的，这个矛盾必需妥善解决。

在大堤和缕堤之间，还修有横向的隔堤，把它们连接起来，将滩地分隔为长格，这样做，有助于加固大堤堤根，也有利于洪水中挟带的泥沙在滩地落淤。

在大堤或缕堤的危险地段，还在堤外修建弯曲的月堤，两头与大堤相接，以起保护作用。大堤顶上有时加筑小堤，称为子堤或子埝，是临时加高堤顶防止洪水漫溢的措施。在大堤背后，有时加筑戗堤以加固和保护大堤。另外，在必要处可从大堤修筑伸向河床的挑水堤（剌水堤、丁坝）以调整水势，保护堤岸。

上述大堤、缕堤、格堤、月堤、子堤、戗堤、丁堤等有机地组成一套系统，即大堤拦洪、缕堤束水攻沙、格堤淤滩固根、月堤戗堤保护险情、子堤临时加高、丁堤改变水势，再用泄水闸排非常洪水、涵洞排除内涝，形成有特色的黄河大堤系统。

现在黄河下游两岸防洪堤总长已达 1538km，安度了四十多年大汛考验。但开封附近，河道平均高出城市地面 11m，新乡市处高出 20 多米，济南市区设防水位高出地面 10m，悬河形式十分严峻。现国家正在修建的小浪底枢纽，将带给我们一段稳定的机会。但解决黄河的防洪和排沙问题仍将是我们长期研究和奋斗的目标。

黄河的灾害史不绝书。有文字记载的自公元前 602 年到现代的 2500 多年中，大改道 26 次，决口泛滥 1500 多次，所以没有哪一个朝代不面临治黄问题。在不断的治黄斗争中，中国人民总结出一系列的经验，发展了许多特殊技术（如埽工），也涌现了一大批治黄人物，从汉武帝在元封二年（公元前 109 年）亲临瓠子现场指挥堵口，到东汉时的王景治河，元朝的贾鲁治河，以及明朝的潘季驯和清朝的靳辅、陈潢、郭大昌等，都建下勋业，是治河的能人功臣。总之，中国有了一条独一无二的黄河，也就出现了独一无二的黄河大堤、治河理论、技术与人物。

鱼 鳞 石 塘

大约在秦汉时期，我国东南沿海一带已有御潮的海塘出现。海塘其实就是沿海岸修建用以挡潮的堤。唐宋时期，中国的经济重心南移到江浙一带，对沿海地区的保护要求高了，修筑海塘的技术也不断发展。据记载，从唐开元元年至清乾隆四十五年（公元 713～1780 年）间，大型修塘工程就达 35 次。

浙江钱塘江口呈喇叭形，海潮涌来时，受地形收束影响，潮头陡立，最大潮差可达 8.93m。钱塘大潮蔚为天下奇景，但也对两岸安全带来极大危害。从东汉到明清，钱江两岸人民不断修堤筑塘，与潮汐作斗争。北岸海盐、海宁一带，尤为险段。八月大潮，潮头可以直扑上塘，将观潮人都卷走。数百年来，这一带海塘的修建维护，从未间断过。

海塘的结构也不断发展，从最初御潮力极低的土塘，发展为柴塘、土石塘、石塘。北宋的王安石创建了"陂陀石塘"，将过去陡立的迎水面改为倾斜，更为合理。元末王永创建新的砌塘方式，砌塘条石纵横错置，犬牙相衔，层层向上叠置，并用桩基提高地基承载力，这是海塘技术的一大进步。

在总结前人经验的基础上，明代浙江水利签事黄光升于嘉靖二十一年（1542年），在海盐创建了"五纵五横桩基鱼鳞石塘"的模式。这种石塘，以木桩固基，条石纵横相间砌筑，增加塘身断面尺寸和重量，使塘身更加稳定。清代进一步完善并规范了这种鱼鳞大石塘结构。当时由于水势北趋，北岸告紧。康熙五十九年（公元1720年），浙江巡抚朱轼在海宁老盐仓海岸创筑鱼鳞石塘，正式规定为：塘身一般为18层，每层用厚1尺、宽1尺2寸、长约5尺的条石"丁顺间砌"，总高1丈8尺，顶宽4尺5寸，底宽1丈2尺。❶从第2层到17层，每层靠海侧缩进4寸，内收1寸；每丈塘身用石料约17m³，重47t以上，用糯米汁油灰灌缝，嵌扣铁锔、铁锭都有一定规格；塘基密布梅花桩和马牙桩，上筑三合土，然后再砌塘身；为了保护塘基，在塘脚前平砌条石的"坦水"（护坦）。这种海塘设计合理，抗潮力强而且耐久，但造价很高（每丈约需白银300两）。乾隆五十二年（公元1787年）统计，已修筑鱼鳞大石塘87里，并用千字文编上序号，立石碑于塘顶，以明里程和地区，便于维修、抢险。大部分鱼鳞石塘屹立至今，保护钱江北岸人民数百年。我们若亲历其境参观，但见长堤如龙，直伸海天深处，全用大条石层层砌成，如密密麻麻的鱼鳞，在夕阳下闪闪发光，真是人定胜天的奇观。

图 2-1-9　鱼鳞石塘

上面我们简要介绍了一些有代表性的以堤坝为主体的中国古代水利建设，虽然不免挂一漏万，但足以看出我们的祖先确实是勤劳、智慧、勇敢的人民，我国的水利史料、工程遗迹和先进事例之丰富是举世无双的。当然，限于当时的生产力和科学技术水平以及受社会制度的制约，在与水斗争的过程中也不断遭受失败和挫折，留下许多严重的水利问题尚待解决。在工程规模上和当今的巨型水利建设（例如长江三峡水利枢纽）更不可同日而语。但是，先人们人定胜天、百折不挠的斗志，无私无畏献身事业的气魄，实事求是、总结经验、掌握规律、发展科技的精神，都是无比宝贵的财富。

"以史为鉴可以知兴替，以人为鉴可以明得失"，数千年来积累下来的经验教训，是永远值得我们学习和吸取的。

第三节　水坝——水利工程中的主导建筑

为了兴水利除水害，我们需要修建各种各样的水工建筑物。例如，为了拦蓄河水和抬高水位修建的拦河坝，为了防止洪水泛滥沿江河两岸修建的防洪堤，为了将水输送到别处修建的渠道、隧洞、渡槽，为了发展航运开挖的运河和修建的船闸，为了利用水力修建的水碓、磨坊和水力发电厂等。将许多水工建筑物组合在一起以便发挥综合效益的建筑物群，则称为一座水利工程枢纽。各种水工建筑物各有其作用，但其中的"坝"在任何水利工程枢纽中几乎都少不了它，可以说是一只领头羊，或者说是一座主导建筑物。

我们先给"坝"下个定义。什么是坝？《新华字典》中说：坝是截住河流的建筑物。旧式字典中的解释要文雅得多，"坝，堰也，所以止水使不泛滥也"，意思也差不多。总之，坝就是挡水的建筑物。

下过定义，再咬文嚼字一番，分析一下坝字的构成。坝，繁体字作"壩"，从土从霸。从土，意味着坝是用土筑成的，确实，在古代，坝总是也只能是用土（包括沙、石）来修筑。至今，土和石仍然是最主要的建筑材料。当然，混凝土发明后，现代的坝有很多是用混凝土修建了。但混凝土这个词中也带有土字，所以古人造字，坝字从土，真是恰当不过，妙不可言。

从霸，则是表示其发音了。但"坝"为什么要发霸的音呢？听到霸字，我们总会想到"恶霸""霸道"……这类字眼，古人把挡水建筑物发霸的音，看来是煞费苦心、大有讲究的。因为，要挡住水的流动，不施加霸道是不行的。以后我们还会看到，水为了反抗这种强加于它的霸道，将进行无休止的剧烈反抗和斗争。稍有失误，人们便会成为它的手下败将。

"壩"这个字大约在元代出现，为时较晚。与它同义或相近的字还有堰、陂、堤、埭、闸……其实堰才是更早、更正统的名词，"堰，拥水为埭也"，就是土坝。所以古代的坝都称为堰，浮山堰、都江堰、黄金堰等。坝字出现后逐渐取代了堰，后者虽仍保留，但已慢慢演化为专指不高的、在其上滚水的低坝或为了施工、量水而建的建筑物了，如溢流堰、围堰、量水堰等。如果将三峡大坝称为三峡大堰反而怪不顺耳。堰之所以败于坝，多半由于后者发音洪亮、气势威赫。所以商品要占领市场，取个响亮名字并大声吆喝是极为重要的。

坝一般指拦河坝，但更早出现的挡水建筑物应该是堤（旧作"隄"，左边的"阝"是阜字简写，而阜则是土山之意）。旧字典中对堤的解释是"筑土以防水之溢出者"。和坝不同之处，堤是沿着河（或湖）岸修筑的，在结构和功能上其实相类，所以有时统称堤坝。堤的高度常有限，而长度可以绵延百里、千里。当年的鲧正是靠筑堤来"堙障洪水"的。堤也可以建于水中，两侧临水，如西湖中的苏堤、白堤。堤上往往植树，大添诗情画意。韦庄的名诗"江雨霏霏江草齐，六朝如梦鸟空啼，无情最是台城柳，依旧烟笼十里堤"，描绘出多么摄人心魄的江南风光，寄托了无限的兴亡之感。有的堤修筑在海边以御潮防咸，它们有个专门名词"海塘"。

要拦蓄江河中的来水，必须考虑好给它出路，不给出路的政策是不行的。否则，狗急跳墙，后果不堪设想。除了另修泄水设施外，在用于砌石、浆砌石或混凝土等材料建成的坝（即所谓坼工坝）中更常见的做法是让水翻过坝顶或穿过坝身下泄。前者要在坝顶设置溢流堰，后者要在坝内设置泄水孔、管。为了控制泄放的流量，又需在堰顶或管、孔内设置闸门。有的坝高度较低而泄量较大，干脆只由底板、直立的闸墩和墩间的闸门组成，直接由闸门挡水和泄水。这类建筑物一般不称为坝而称为闸，如泄水闸、控制闸、挡潮闸等。挡河坝中还可以设置用于其他目的的闸，如过鱼的鱼闸，放木的筏闸，以及通航的船闸，在人工运河中船闸尤为多见，这类建筑物都和坝基是近亲，有的与坝密不可分。

现在再回头说说，我们为什么把坝视作水利工程中的主导建筑物。

（1）它是最早出现的水工建筑物。从前面的章节中可知，人类的抗御史前大洪水时，唯一能做的工程就是堆土筑堤坝，岂不是最早的水工建筑物吗？直至今天，江河大堤仍然是抗洪斗争中的主力军。

（2）坝是修建水库的关键建筑物。水固然是大自然赐给人类和地球上一切生物的活命源泉，但令人苦恼的是上天并不均匀地普洒甘露，而是在时空上极不均匀。时而暴雨狂洪，一片汪洋，时而河干湖涸，千里赤地。需水时滴水难觅，不需水时尽情奔流。有的地区苦干苦旱，有的地区怕洪怕涝。要解决这种问题，只能修建水库来调节。水库就像一座巨大的蓄水仓库，又像一家巨大的借贷水的银行（现代最大的水库库容已达数千亿立方米之巨，足以容纳黄河几年中的全部水量）。不论利用洼地、山坳还是河谷修筑水库，都必须建坝，没有坝就没有库，人们就失去调控水量的主要手段。

（3）农田水利和工业、城镇用水离不开坝。人们要引水灌田，或要将水输送到干旱或工业、城镇地区，除要开渠挖沟处，也常需拦河筑坝，抬高水位，蓄存水量，才能使河川中的水稳定而有保证地进入渠道。所以较大的灌溉或供水工程无不建有完整的堰坝和控制设施。

（4）发展水运离不开坝。人民要利用河川通航就必须整治航道。最有效的措施就是拦河筑坝，渠化河川，化滩险为波平如镜的深水航道。美国一条不起眼的田纳西河，经渠化后，年航运量达亿吨，抵得上5～10条铁路。

（5）要开发水能，必须有坝。江河从源头下泄，挟带着自然赋予的无穷尽的能量。要利用这清洁、再生的能源，一要集中水头，二要保证流量。筑坝建库正可同时满足两种要求。所以每座水电站，特别是大型水电站，都和高坝大库结合在一起。

除了上述效益外，筑坝建库还可形成烟波浩渺的人工湖，成为旅游胜地或水产基地。简单地重复一句：几乎所有的水利工程都离不开坝。

最后，从工程建设角度看，水坝要正面拦挡水流，承受巨大的压力（现在最高的坝已超过300m，以300m计，每米长的水坝要抵抗4.5万t或45万kN的水推力），所以水坝的体积十分巨大。例如三峡水利枢纽的大坝总体积达1300万m^3，如做成3m

×3m 的城墙，将长达 1440km。大型土石坝的体积更以亿立方米计。坝的施工又最艰巨，因为要建在河中，必须先导引河水，修筑围堰，处理好地基才能往上修筑，工期需长达数年甚至十余年，要不断与洪水作斗争。拦河坝万一失事，库水顷刻下泻，将给下游造成不堪设想的灾难，所以对坝的勘测、设计、施工、维护的要求也最高。因此很多人干脆在坝字前面加个大字，统称大坝，以显示其重要性，这个名词现已流行很广，在书刊文献中到处应用了。

根据上述情况，我们认为坝是水利工程中的主导建筑物，并选取它作为这本科普小书介绍讨论的对象。在以下章节中，我们将依次叙述水坝的发展历史，建坝中遭遇的挫折，人们对水坝功过的争论，以供有兴趣的读者特别是有志于水利建设的年轻同志们参考。

第四节　形形色色的水坝

到目前为止，世界各国究竟已修建了多少座水坝？这也许是无人能回答也永远搞不清的问题，我们姑且认为有十几万座吧——当然多数是小坝，高坝大库的情况还是清楚的。

这么多坝，可以从不同角度加以分类，列出几十个专门名词。但本书不想细究，只从筑坝材料和水坝结构形式上稍作分类和介绍。按筑坝材料分，水坝大体上可分为两类，一类是用土、沙、石料填筑而成的土石坝或称填筑坝、当地材料坝，另一类是用石块砌成或混凝土浇成的圬工坝。

土　石　坝

土石坝或填筑坝，尤其是其中的土坝，一定是最古老的坝型，"水来土掩，兵来将挡"嘛。至今许多小坝仍然是土筑成的。最初的土坝想来必是用人挑抬上坝，并用脚踩或木夯、石夯压实，后来发展成为用大型机械运输上坝和碾压密实，称为碾压式土坝。如果整个坝体都用同一种土料填筑，称为匀质土坝。土壤是个总名称，从极黏的黏土、到含沙的壤土、再到毫无黏性的沙粒，变化多端，性质差异极大。人们从实践中发现有的土不适于筑坝，有的土需加以处理才可筑坝，而且大的坝体宜分为若干区，用不同性质的土来填筑，将更为经济合理，这就叫分区填筑土坝。

在某种条件下，可以将土制成能流动的泥浆，输送到坝区沉积下来，让它自行脱水（固结）成坝，这种土坝称为水力冲填坝（水坠坝），或可在水中填土成坝（水中倒土坝），这些都只能用于较低的坝，且坝的断面较大。

用石料（砂卵石、天然块石和人工开挖的块石）堆筑的坝称为堆石坝。石料是仅次于土料最易获得的建筑材料，用石料筑坝其断面也可比土坝小得多，但石料无论如何压实，它的透水性总较大，因此除非我们想修一座透水坝，否则在堆石坝体中必须加防渗设施。最普通的是在坝体中做一道土质防渗墙，即成为以堆石筑坝壳、土料为防渗体的土石（混合）坝；如果土质防渗墙设在坝的中部，称为土心墙堆石坝；如设在坝的上游面，称为土斜墙堆石坝。当然也可以用其他材料作防渗体，如混凝土、钢筋混凝土或沥青混凝土，因而又有混凝土心墙堆石坝、混凝土斜墙堆石坝……沥青混凝土斜墙堆石坝一类名称。少数情况下也有用木板、钢材、浆砌石、喷浆层或塑料作为防渗体的。

堆石比土壤难压实，早期用抛填、水冲等方式压密，效果有限，坝高时蓄水后变形较大，防渗体以采用较能适应变形的土质墙较妥。近代采用强力的碾压设备特别是大功率振动碾，可以大大提高堆石密实度，因此可以采用较"硬"的防渗体。特别是碾压堆石体配以钢筋混凝土面板防渗的"混凝土面板堆石坝"（CFRD），断面小，施工快，具有多种优点，发展很快，在许多工程上有取代传统土石坝之势。

近代的大型堆石坝无例外地都将坝体分为多区，分区采用不同要求的石料和土料，以资经济和安全，因此都是"分区填筑坝"。各种土石坝示意图见图 2-1-10。

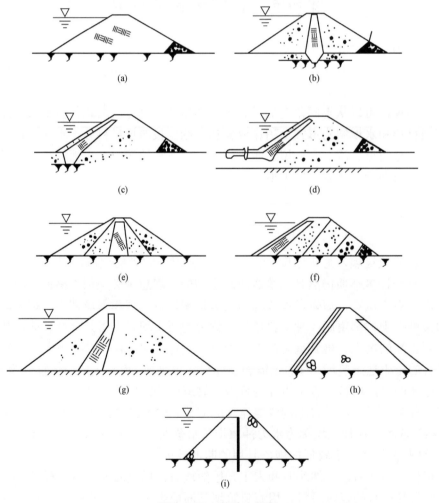

图 2-1-10　各种土石坝

（a）均质土坝；（b）土心墙堆石坝；（c）土斜墙堆石坝；（d）有铺盖的土斜墙堆石坝；（e）分区土心墙堆石坝；

（f）分区土斜墙堆石坝；（g）斜心墙堆石坝；（h）面板堆石坝；（i）沥青混凝土心墙堆石坝

在高山深谷中，如两岸岩石质量较好，也可采取定向爆破的方式筑坝，即在岸坡适当部位布置和开挖药室，填放炸药，同时或分批起爆，将爆碎的岩石沿预定方向抛投到河床中堆成坝体。这样做当然简化了施工，一般利用定向爆破完成大部分坝身，随后用常规方法加高加宽断面，达到设计轮廓，并修建上游防渗斜墙。

土石坝主要的优点是就地取材，能适应多种地质条件，在一定情况下也较快较省。土石坝体一般不能过水（至少不能通过坝体大量泄水），所以必须另辟溢流道或泄洪洞，并有足够的泄放能力，以防特大洪水时的漫溢坝顶，导致失事。

圬 工 坝

"圬工"本指泥瓦匠砌墙，所以圬工坝本来指浆砌石坝。混凝土发明后，以其强度高和便于大规模施工，很快取代了浆砌石。目前全世界大型圬工坝几乎全为混凝土坝，只在小型工程中尚有采用浆砌石坝的。下面介绍的也主要是混凝土坝。

圬工坝按结构型式分，可以分为重力坝、拱坝和支墩坝三大类。

重力坝是最简单也最古老的坝型。顾名思义，重力坝是依靠自己的重量来抵抗水压力而维持稳定的。古代的圬工坝绝大多数是重力坝，因为重力是最可靠的力量。到现在，重力坝也仍是主要的坝型之一。

混凝土重力坝一般沿横向（与河道正交的方向）划分为若干个坝段以利施工，相邻坝段间有一道横缝，缝中设止水设施止漏。重力坝可以是实体的，也可以在横缝处留有空腔（宽缝重力坝）或在坝体内留设空洞（空腹坝）。重力坝各坝段是独立工作的（悬臂式重力坝），但也可在横缝中灌浆，使其结合成整体（整体式重力坝）。

重力坝的断面较大，给人以稳定安全的感觉，也便于通过坝顶或坝身泄流，但工程量较大，材料强度未能充分利用。人们很早注意到拱形结构具有很大的承载能力，因此在地形地质条件合适处（河谷较窄，两岸基岩较完整坚硬）试修拱坝来挡水，水压力主要通过拱的作用传向两岸。最初的拱坝较低，体型上是个简单的圆筒体，称为圆筒形拱坝或单曲拱坝，拱厚也较大，属于"重力拱坝"范畴。后来经验愈丰富，胆子也愈大，体形做成穹隆状（双曲拱坝），厚度也很薄（薄拱坝），以充分发挥材料的强度。一座设计优秀的拱坝，其体形既符合科学原理，又十分赏心悦目，可称得上是坝中美女。

支墩坝由两部分结构组成，一是顺流向的若干个支墩，二是支墩上游面的挡水结构。根据挡水结构的不同，又可分为连拱坝（在支墩间修建拱筒挡水）、平板坝（用平板挡水）以及大头坝（将支墩上游头部扩大，相互连接挡水）。支墩坝的上游面总是倾斜的，以利用水重，维持稳定。

在混凝土坝发展过程中，起初以采用重力坝为主，后来更多地采用拱坝。常规混凝土的施工工序较复杂，大型的重力坝总要用纵横缝分为许多坝块浇筑，更延长了工期和增加复杂性。近代发展了"碾压混凝土"技术，采用较少的水泥拌制较干硬的混凝土，上坝以后用机械摊平和用重型碾压机压实，以代替人工平仓振捣。施工类似于土石坝的填筑碾压，大为简化，且可大仓面连续上升，给重力坝注入了新的活力。现在"碾压混凝土重力坝"在许多工程中都具有很强的竞争力。

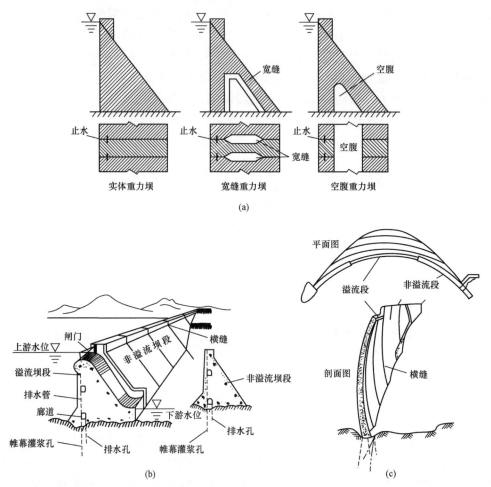

图 2-1-11 各种重力坝和拱坝

（a）重力坝类型；（b）混凝土重力坝示意图；（c）拱坝结构示意图

一座水坝，无论采取什么型式，都需精心规划、勘测、设计和施工。在建成后除应发挥预定的各种效益外，重要的是要保证其安全性，具体讲：

（1）在任何预料的不利情况下（例如遭遇特大洪水、强烈地震、滑坡涌浪等）大坝（包括地基和两岸山头）能保持稳定，不发生滑动、倾覆、崩坍、断裂等。各部位的应力❶和变形都在容许范围内，不会发生影响安全或正常运行的压碎、开裂、剪断或不允许的变形❷。

---

❶ 物体受到外荷载作用（或由于其他原因）后，将发生变形，同时在其内部每一点处都产生内力。从物体内部取出任一截面，在其单位面积上受到的内力称为应力。与截面正交的称为法向应力或正应力，可以是压应力或拉应力，沿着截面作用的称为剪应力或切应力。

❷ 对某些水坝，要考虑上游水坝垮坝或发生战争的影响；对某些水坝，要求在遇到不可抗拒的原因而溃决时，也不会对下游造成灾难性后果。

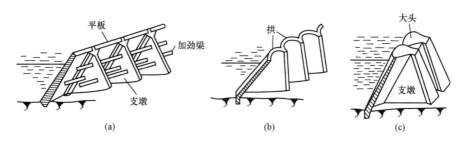

图 2-1-12　各种支墩坝

（a）平板坝；（b）连拱坝；（c）大头坝

（2）大坝（包括地基和两岸坝座）有足够的抗渗能力，能防止或限制水的渗透，不会发生有害的、影响安全的破坏作用，或发生不能允许的水量损失。

（3）在遭遇预测的特大洪水时，坝体及枢纽中的泄水设施能安全宣泄最大流量，不致漫坝；下泄的水流能妥善消能，不使危害大坝安全或影响下游安全。

（4）水坝应具有足够的耐久性。水坝的建设不应引起其他危害上下游地区的后果。

为了能保证做到以上各点，除必须精心设计和精心施工处，还要在坝体、地基、两岸及其他需要部位，设置各种监测仪表，在工程投产后，进行严密的监测和相应的维修。在一定意义上讲，水坝和人一样，是要患病、老化和有一定寿命期的。定期检查"健康"状况，有病治病，有险排险，才能使水坝保持青春，尽可能地延长服务期到百年、千年。

第二章

坝工技术的发展和成就

第一节　重力坝建设技术的发展

在本章中，我们将扼要介绍坝工技术的发展和取得的成就。本书不可能对所有的坝型都作介绍，因此选择了三类最主要的坝：重力坝、拱坝和土石坝作为讨论对象。本节中先叙述重力坝建设技术的发展。

15 世纪以前，人们曾修筑过多少座圬工重力坝、又是怎么被破坏的，已难一一考证，只留下少量述而不详的记载或个别遗迹。例如在我国，只留下它山堰、木兰陂这些古迹。从 15 世纪起到 17 世纪，由于发展灌溉事业的需要，一些欧洲国家建造了不少用灰浆砌筑的圬工坝，这比建土石坝要坚固，工程量也少。尽管人们从 17 世纪起就开始探索重力坝的设计理论，但直到 18 世纪末，各国仍都依靠老的经验砌筑，对于坝承受的荷载、工程的情况、坝内应力的分布，以及对建筑材料和地基的要求都知之不深。这些坝的断面，有的形状不合理（细而高的矩形，容易倾覆），有的体积过大，浪费材料，尤其对基础处理不够重视，甚至建在木桩上，因此能免于溃决而保留下来的已如凤毛麟角。

重力坝的合理设计理论是从 17 世纪开始孕育的（这也是我国科学技术停滞落后的开始阶段）。当时正处在工业革命前夕，自然科学和工程技术正在发展。欧洲各国相继成立科学院和皇家学会。一些科学家已在研究和发展弹性力学，企图用数学方法计算物体受力作用时体内的"应力"分布和变形情况。力学的发展给建立正确的坝工设计理论奠定了基础。进入 18 世纪后，工程师们开始用理论成就来解决实际问题。在这个过程中，法国是走在最前面的。他们建立了世界上首批工程学院，特别是 1747 年创办的"桥梁道路学院"更为著名。第一批水工建筑物书籍的问世，第一批坝工工程师的诞生和第一个合理的大坝设计理论的形成，都和这座学院有关，许多先行者既是力学理论的开拓者，又是名副其实的大坝工程师。

但真正的成熟理论的出现还在百年之后。在 1853 年，赛札莱（M.de Sazilly）在该学院年刊上发表的论文中，第一次全面总结了重力坝的设计方法，提出：设计重力坝要计算"自重"和"水压力"两种荷载，考虑库空和库满两种情况，更重要的是提出两条基本设计准则：①坝体或地基所承受的压力不得超过某个限度；②坝的任何部分（一直算到地基面）都不会沿其底面滑动。如果以 σ_y 表示坝体承受的最大压应力，以 W 表示坝体重量，以 f 表示滑动面上的摩擦系数，以 P 表示水推力，则上述两原则可写为：

$$\sigma_y < [\sigma] \quad ([\sigma]\text{ 指某一个限制})$$

$$P < fW$$

1858 年，法国狄洛克尔（M. Delocre）工程师将这一理论付诸实践，设计了一座富伦斯（Furens）坝。这座坝的断面已很科学，而且上下游面都做成曲线，符合"等强度设计"理论（见图 2-2-1）。

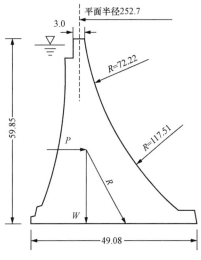

1881 年，英国兰金（J.M.Rankine）补充了一条重要原则：在坝体内（主要是上游面）不能产生拉应力。重力坝所受的两大荷载自重 W 和水推力 P 都可用矢量表示（见图 2-2-2），它们可以合成一个倾斜的合力 R。R 与坝底有个交点，如果认为水平断面上的正应力 σ_y 呈线性分布，那么只要合力与坝基交点落在底宽的中间三分之一以内，上下游面就不会出现拉应力。这一神妙的"三分点准则"至今仍为重要的准则。总之，合力 R 的斜度，决定坝体是否会滑动；R 与基底的交点位置，决定坝面是否会受拉；R 的大小，决定坝体承受的最大压力。

图 2-2-1　富伦斯坝（单位：m）

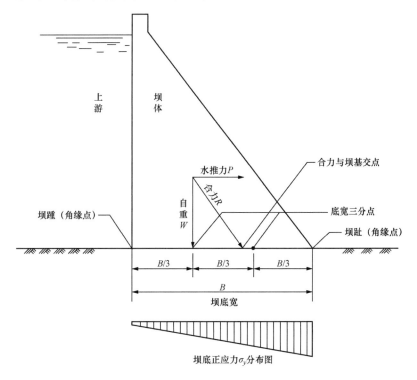

图 2-2-2　重力坝受力示意图

这三条成为重力坝设计三原则，其中前两条尤其重要，因为当时坝内的压应力不高。在19世纪后半叶到20世纪初的50年中，各国修建了近70座30m以上的圬工重力坝，断面大体都简化为楔形（三角形），上游面直立或稍有倾斜。和早年建的坝相比，断面明显减小了。

但是，在此期间有少数坝失事，如1881年法国在阿尔及利亚修的哈勃拉（Habra）坝、1895年法国的布泽（Bocozey）坝、1900年美国德州的奥斯汀（Austin）坝，而它们都是按上述原则设计的。这使人们怀疑是否尚有某种因素未为人知。经过法、英、德各国专家的多年探索，人们终于发现作用在坝体内一种重要而隐蔽的荷载——扬压力。原来貌似完整的混凝土（更不要说浆砌石）内部布满连通的微小孔隙，另外还存在难以避免的裂缝。和土坝相似，上游的水在长期的压力作用下，能够渗入内部而从下游排出。压力水在渗透的过程中，或遇到阻碍时，会对坝体产生作用力，它的合力有一个向上的分力，称为扬压力。这个幽灵似的扬压力会抵消坝的重量，使坝上游面受拉开裂，不考虑这一影响所设计的坝体断面是偏小的。法国的李维院士在研究了布泽坝的失事后，在1895年给法国科学院的报告中，进一步指出坝体上游面裂缝中存在扬压力的事实，并提出重力坝设计中具有里程碑意义的又一准则：为了防止扬压力可能造成的危险，上游坝面应保持为压应力，其值不小于该处水头。这条李维准则沿用了数十年，直到人们对扬压力性质的认识和应付措施有了发展后才有所松动。

李维还正确地建议在坝内靠近上游面处设置一道垂直的排水管和集水廊道，引走渗入的水。正像对付渗入国境的特务一样，一进来就尽早抓获押走，以免他们捣乱。关于扬压力的性质、分布和作用面积等，研讨争论了几十年，正如克里格（W.P.Creger）所说的，扬压力是重力坝设计中了解最少而争议最多的一种荷载。以后，对重力坝地基中的渗流问题也得到重视，按同样方式处理：先在地基内钻孔，在高压下注入水泥浆形成一道地下阻水幕，然后又在其下游钻一道排水孔收集渗漏水。这几乎已成为传统的做法。

重力坝设计理论的另一发展是对坝体应力分布的探索。坝水平断面上正应力呈线性分布仅仅是将梁应力研究结果移植过来的一个假设。实际上重力坝的高度有限，坝底是和无限大的地基胶结在一起的，不论通过模型试验或理论研究，都证明靠近地基部位处，应力分布远非线性，在"坝踵""坝趾"两个端点处应力都有明显的集中现象，但要完全用数理弹性力学解答这个问题很不容易。有的学者假定坝体和地基是同一种材料，用"自应力函数"研究"角端"（即坝体上下游面与地基交点）的应力分布状况，发现理论应力竟是无穷大。如考虑坝体与地基是不同材料，"纯理论解答"甚至更为"荒谬"。例如一座矩形断面的重力坝压在远为软弱的地基上时，基础面上的应力在向"角端"靠近时竟会发生剧烈的正负大振荡（压应力和拉应力交替出现）。其实这种荒谬结果并不使人惊奇。尖锐的转折点，在几何和力学上都是个"奇点"，用基于某些假定（材料是弹性的、变形是微小的）建立起来的弹性力学计算这些奇点上的应力是失效的。自从20世纪中电子计算机的问世和"有限元法"的发展，现在计算重力坝应力分布已是件容易事了，但角点处的应力集中仍给设计带来麻烦。

进入20世纪后，现代的重力坝建设技术体系逐渐形成。建筑材料以混凝土取代了浆砌石，为修建高坝和大规模施工创造了条件。其次，结构上有所改进和完善，这方面的贡献主要来自美国。美国在 20 世纪初，为开发干旱的西部及水力发电，制定了垦务法，由陆军工程师团和垦务局修建了许多重力坝，世界坝工建设重心从西欧转到北美。尤其 20 世纪 30～40 年代是重力坝建设技术发展取得大成就的年代。美国建成了破纪录的高 221m 的胡佛（Hover）坝、高 185m 的沙斯塔（Shasta）坝、高 168m 的大古力（Grand Coulee）坝等一大批工程。1932 年为摆脱经济危机，罗斯福总统实施"新政"，成立田纳西流域局（TVA），负责全流域开发，又兴建了一大批重力坝。垦务局、陆军工程师团和 TVA 成为建坝三巨擘，开展了大量科研和实践工作。在此期间，完善了坝内构造，在坝内及地基内设置完备的排水系统以削减扬压力，将坝体用纵横缝分为独立坝块浇筑，同时发展接缝灌浆及温度控制技术以防止混凝土开裂，并设置了监测设备。由于坝的规模不断扩大，对地基的要求也逐步提高，在勘测中打了大量钻孔和探洞，以查明地质情况，通过压水试验了解其渗透性。对软弱岩层及断层破碎带通过开挖、回填、灌浆、锚固等各种手段加固。事实上一般坝址都存在或大或小的地质缺陷，没有地质勘测和处理技术的进展，修建高坝是不可想象的。

在设计方面，发展了各种应力及温度分析方法和模型试验技术。在施工方面，提高机械化施工程度，发展了栈桥、门机、缆机浇筑系统和水管散热技术。1937～1942 年施工的大古力坝，最高年浇筑混凝土量达 220 万 m^3，创当时最高纪录。1941 年美国土木工程师学会系统总结了重力坝设计经验，流传各国。实践证明，只要地基的强度和稳定性有保证，按现代技术设计和施工的重力坝很少会像古代的坝一样遭受破坏，甚至遇到特大洪水时，坝体也能经受一定程度的漫顶泄流而不破坏，美国这套技术至今尚在各国沿用不衰。

这里可以说说"混凝土坝吃冰棍"的故事。混凝土的强度虽然比浆砌石高得多，但浇筑后经历一段时间常易开裂。原来混凝土是由水泥胶结砂石骨料而成，水泥在固化时要放出热量，使混凝土温度上升，尤其夏季浇的混凝土温度可以达到很高的值，然后再逐渐冷却并收缩体积。如果混凝土块体受到约束不能自由收缩（例如浇在岩基上的混凝土），就会开裂。混凝土体积越大，开裂问题越严重。重大的裂缝要影响坝的安全，为此需对混凝土的温度实施控制。传统的办法就是美国人首创的在拌制混凝土时进行冷却，包括预冷骨料和加入冰块，并在坝内设置盘蛇形的水管通入冷水以散热。工人们形象地称它们为给混凝土吃冰棍和喝汽水。在"文化大革命"中，这一工艺曾惹怒了一些工地上的造反派，他们厉声斥责："劳动人民都吃不上冰棍汽水，岂能让混凝土这么娇气！"冷却工艺被取消了。后果可想而知，坝体千创百裂，只能挖掉重浇。

20 世纪 50 年代后，美国建坝数量下降，基本上遵循已定型的技术建设，而西欧、中国、苏联、日本、印度等国家和地区都建了一批重力坝，研究方向趋于用现代理论及方法解决或澄清一些更专门性的问题。例如，对坝体和地基应力分布的精确分析，用计算机模拟施工过程进行仿真分析，研究分缝对重力坝的影响，用断裂力学或损伤力学研究坝体裂缝的产生、发展和稳定问题，重力坝在地震中的反应，复杂地基对坝体的影响及处理，对扬压力及其控制的进一步探究，各种新的泄洪消能设施的试验和采用，设计工作的优化和自动化等。在施工技术上则研究温控的新理论和综合措施，原材料性质的研究和改进，混凝土耐久性的提高，更大型施工设备的研制，整个施工过程的计算机控制管理等。碾压混凝土的出现更开辟了新的领域。可以说，在重力坝建设技术上，仍存在广阔的发展前景。

第二节 拱坝建设技术的发展

最初的拱坝是在什么时代、什么地方出现的？这个问题比重力坝和土石坝更难考证。但可以猜测，其出现的时代较晚，大致是用浆砌石修建在小河小溪上以挡水的，例如，法国人在公元 3 世纪就建了一座 12m 高的小拱坝。从 16 世纪开始，世界上已出现了多座规模不大的拱坝。至今，各国仍有用浆砌石修建中小型拱坝的做法，特别在中国，据不完全统计，1980 年全国修建的浆砌石拱坝已达 500 余座，称得上是浆砌拱坝之乡。

作用在拱坝上的水压力主要是通过拱的作用传递到两岸地基上的，所以拱坝的断面远比重力坝小。令 H 代表坝高，B 代表坝底宽度，我们常用宽高比 B/H 反映坝的相对厚度。重力坝的 B/H 常在 0.75 左右，而最薄的拱坝 B/H 可小于 0.1（甚至达到 0.023）（见图 2-2-3），其节约工程量的效果显而易见，材料的强度可以充分利用。拱坝断面小，扬压力的不利影响也较小，这些都是它的优点。

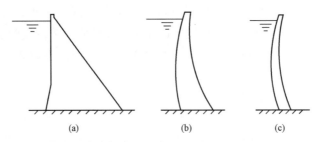

图 2-2-3 拱坝和重力坝断面的比较

（a）重力坝；（b）双曲拱坝；（c）薄拱坝

但是工程量的节约带来了对地基的较高要求和设计计算上的困难。重力坝基本上就是一根固定在地基上的悬臂梁，受水压力作用时，每个断面上的内力（压力 N、剪力 Q 和弯矩 M）可通过静力平衡条件算出，在结构学上称为"静定结构"，是最简单的一种——尽管从内力去计算各点的应力还有些复杂。

拱坝就完全不同了，它是沿周边固接在地基上的一块壳体，沿水平切取截面，我们将得到一组支承在两岸上的水平拱；沿垂向切取截面，又将得到一组支承在底部的悬臂梁。拱坝是一座整体的、高度"超静定"的结构。设计拱坝，首先遇到的问题是怎样计算它的变形和应力。

19 世纪起，欧洲的工程师开始修建较高的混凝土拱坝时，简单地将拱坝切成一条条的水平拱，分别计算其变形和应力，不考虑各供条间的相互作用。对重要的工程则做模型试验复核，即用石膏等材料按比例做一个模型坝，在上游面施加压力，量测模型坝的变形和应力，最后将它压垮以估计其超载能力。欧洲人所建的拱坝较薄，这种做法倒也基本合适。

但是如要在开阔的河谷中修建较高的拱坝，其断面就较厚，这种简单做法就不能满足需要。尤其建坝重点从欧洲移到美国后，美国修建的拱坝要厚得多，美国工程师就开始发展更合理的分析方法——"拱梁（分载）法"或"试载法"。其思路是：完整的拱坝可以视作由两套结构叠合而成，一套是水平的拱圈，另一套是竖直的悬臂梁。水荷载既通过拱的作用、也通过梁的作用传达到地基上。河谷愈窄、拱坝愈薄，拱的作用就愈大。相反，河谷愈宽、拱坝愈厚，梁的作用就愈不能忽视。

怎么确定拱和梁在传递荷载时的分配比例呢？可以设想将水压力（及其他荷载）划为两部分，一部分作用在拱上，另一部分加在梁上，分别试算两者的变形。由于这种划分是人为的，所以对于坝体上的同一点，梁和拱的变形是不同的。根据两者相差的情况，修改划分比例，重新计算，再次比较和调整，直到按拱和梁算出的变位趋向一致，这就是合理的荷载划分，如此就可分别计算拱和梁的应力。由于这种计算要通过多次试算完成，所以称为"试载法"，它一直是计算拱坝的重要方法。

试载法的原理好像很简单，但实际计算工作量极为浩大。首先要在坝体上选取若干根梁和拱作为计算对象（如图 2-2-4 中为 6 拱 11 梁，36 个交点）。要求在所有交点处，拱和梁的变位都一致。所谓变位，并不仅指朝向下游的"径向变位"，而是有 6 个分值：3 个线变位和 3 个转角。另外计算变形时还要考虑地基变形的影响，所以当年做一次完整的拱坝试载法计算，需要很多位有经验的工程师，进行成年累月的反复计算。虽然人们也编了一些图表和利用手摇计算机，计算量之大和工作的枯燥仍令人望而生畏，如果最后获得的结果不能满足要求（例如坝体上个别部位应力过大），需要改动拱坝的体型、尺寸，一切又得从头做起。

由于"试载法"计算量巨大，人们就企图用成立联立方程组的方法来解算拱和梁的分担荷载。但当时要解算有上百个未知元的方程组更非易事，直到电子计算机出现，梁拱试载法被编成软件后，才将工程师解放出来。现在，只要有一台合适的微型计算机和相应的程序，一座拱坝的应力分析工作可以在瞬间完成，计算方法也不限于梁拱法，可以用更合理的有限元法对包括地基和水库在内的整个体系进行分析，并可做动力分析和非线性分析，和当年相比，真有天壤之别。

当年由于计算拱坝的困难，工程师们首先要根据现场条件和依靠经验精心拟出一个"初始方案"，进行计算，力求这个初始方案就能满足各项设计要求（主要是各点的应力不能超过允许值）。但即使是最有经验的工程师，也难保证一战而捷，而需分析计算成果，修改设计，直到满足要求。这样我们得到了一个"可行方案"，但显然不会是一个最优方案。拱坝的体型和厚度可以千变万化，我们能否从无数个可行方案中按照某个目标选出一个最优方案呢？譬如说，使拱坝的体积最小或造价最低。在"试载法"时代，这只能是幻想，在计算机时代就变成现实，这样就出现了"优化设计"技术。我们可将拱坝的体型用几个参数来描述，变化这些参数就可得到各种形状和厚度的拱坝。第二步工作是把拱坝设计中需满足的条件，写成数学表达式，同时确定优化的目标（例如要使拱坝体积最小），然后就可由计算机自动计算选择，在各种可行方案中不断舍弃较差的方案，补入较优的方案，最后趋近于一个"最优方案"。拱坝优化设计属

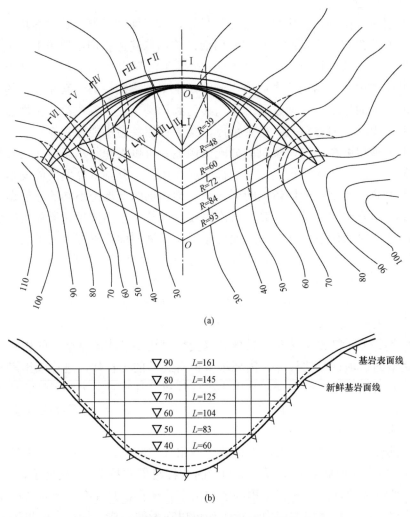

图 2-2-4　拱坝布置和试载法计算网（单位：m）

（a）平面图；（b）河谷剖面展视图

于复杂的"非线性数学规划问题"。一个优化设计常要重复计算和比较几百、几千个方案，从中择优。如要手算，其工作量简直是天文数字，即使有了计算机，要实现优化设计也并非容易。在中国的科学家和工程师的努力下，我国已开发和掌握了拱坝优化设计技术，并付诸实用，在国际上处于领先地位。

计算技术的发展，使工程师从繁重的计算工作中解放出来，可以在更高层次上考虑设计问题，拱坝设计优化便是一个例子。进一步的发展，就是走向"自动化设计"，即在录入勘测数据、设计要求和某些原则后，计算机会根据凝聚在其内的专家智慧与经验，自动地选择合适的枢纽布置方案和拱坝体型，进行优化，并完成各项具体设计，最后输出图纸与文件。有人设想，将来的拱坝设计师的工作是极其轻松愉快的，他在启动计算机，输入一些指令后，就悠闲地看看报纸、喝喝咖啡，直到计算机输出结果后去看一下，签字认可就行。但我们认为这样的场景是不会出现的——如果真的出现了，人类就会像英国科幻作家威尔斯所描绘的那样，蜕化成一种娇小、文雅、手无缚鸡之力的人形动物了。要完成拱坝设计，工程师不仅要解决大量科学技术问题，而且面临许多社会、环境乃至文化上的问题，要通过周密的思考、判断和决策，并不限于自然科学范畴，更不是总能归化为数值运算。近代计算机虽然具有许多不可思议的强大功能，而在真正意义的思维功能上，还比不上一个婴儿。因此，拱坝自动化设计技术虽不断在取得进展，但永远离不开人机对话，人永远是设计的主人。

第三节　土石坝建设技术的发展

土石坝是最古老但也是最重要的坝种。至今，世界上最高和最多的坝都是土石坝。这种建筑物虽然十分"土"，但其理论却很复杂深奥。早年，人们都靠有限的经验修建土石坝，失事频繁。随着科学技术不断的发展，逐渐弄清一些基本原理，走上合理设计和施工的路，并获得巨大成就，但并不能说已进入"自由王国"。特别由于土石坝是用松散的土石料填筑压密而成，与混凝土有本质上的区别，建设中稍有不慎，失事的危险就会降临，例如技术发达的美国在70年代修建的提堂（Deton）坝，竟会在顷刻之间溃决，不可不高度重视。

限于篇幅本书中不能全面介绍土石坝理论，只拟谈一点土石坝的特色。

土石坝的体积十分庞大，例如一座100m高的重力坝，其底宽约为75m，如果是拱坝，底宽可以小到10多米，而土石坝的底宽可达到几百米。土石坝的迎水面是平缓的斜坡（见图2-2-5），因而土石坝不像重力坝那样存在整个坝体向下游滑动失稳的问题，也不存在像拱坝那样推动两岸山头而破坏的问题。土石坝的稳定主要是上下游边坡本身的稳定问题，特别是在遭遇地震或涨水后突然退水时的边坡稳定问题。

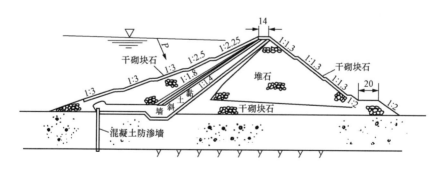

图 2-2-5　土石坝断面和荷载（单位：m）

土石坝体积很大，所以坝体内的应力和对地基的压力都不高，土石料又能适应较大的变形，因此土石坝可以修建在软基上，这是它的一大优点。有的河谷中，堆积着上百米甚至数百米厚的覆盖层，如果要在其上建高坝，就只能建土石坝，当然对地基进行复杂的处理，以提高其承载力、抗滑力和抗渗性是必要的。

土石坝可利用当地的土壤和石料修建，这是其优势所在。早先，对筑坝材料特别是防渗层的要求常失之过高。经过数十年经验的积累和理论的发展，几乎各类土石料均可上坝：壤土、黏土、冰碛土、河沙、卵砾石，甚至弃渣都可用来堆筑在坝的合适部位。天然和基坑开挖的石料不够可爆破硬岩或再轧碎利用。尤其对防渗层的材料要求大有放宽，砾质土和某些风化的岩石（如页岩）经破碎后就可用来填筑心墙。放宽对筑坝材料的限制是降低造价、加快进度使土石坝具有更强竞争力的一大因素。

土石料上坝后必须压实，过去主要采用人工夯打、水力冲击、高处抛填和轻型机械碾压方式，现在则可采用重型机械碾压，如汽胎碾、夯击式压路机等。对堆石料采用振动碾，堆石的密度可达到 $2.1\sim2.2t/m^3$ 或更高，已接近混凝土，这就大大减少坝体的沉陷和变形，为修建薄面板高堆石坝创造了条件。

土石料无论怎么压密，也很难经受高速水流的长时间冲刷，因此，土石坝一般不容许洪水翻坝下泄，要设置足够的泄洪道，并要比混凝土坝留有更大的安全度或采取特别的措施（例如在必要时爆破副坝放水），由于对洪水流量估计不足导致翻坝，是土石坝失事的一大重要原因。

同样，土壤无论如何压实，总留有孔隙，成为水的渗流通道。水库中的水在高压作用下将不断通过坝体向下游渗出，或经由坝内设置的排水系统中排出。水通过土壤渗流，除漏失水量外，并会带走细颗粒，不断扩大通道，最后发现"管涌"而垮坝。管涌是土石坝失事的另一重要原因，现代土坝设计和施工技术可以控制渗流量与流速，并设置"反滤层"或"土工布"以防止管涌。

我们知道，土壤是由土颗粒形成的骨架和颗粒孔隙中的水组成，是"两相材料"（对于不饱和的土，还有空气存在）。土体承受的荷载将由土颗粒间的接触力（称为有效应力）和孔隙水的压力（称为孔隙压力）共同分担。随着时间的推移，土骨架不断变形，孔隙水会逐渐被挤出去，孔隙压力慢慢消减，又将应力更多地转移到土骨架上去，这个过程称为土壤的"固结"。认识这一过程极为重要，因为只有骨架上的有效应力才能发挥土的强度。20 世纪土力学的巨大成就之一就是认识了固结及土壤强度的发展过程，能够估算土体的应力和变形及其安全度，但土壤固结机理和过程十分复杂，还有不少疑点有待进一步研究查清。

土石坝的应力变形计算，比混凝土坝要困难得多。首先，土石料并非连续体，而目前只能仿照连续体进行分析；其次，为了能着手分析，必须先确定土石料的应力应变关系和破坏准则（即所谓材料的本构关系），而这种关系决非像钢材那样可以用个虎克定律（$\sigma=E\varepsilon$）来表示：①土石料中每点的应力 σ、应变 ε 都是个张量❶，不是单纯的一维数值；②它们间的关系是非线性的；③它们间的关系是不可逆的，即土石料在加荷—卸荷—再加荷过程中，应力应变关系并不循原路进退，因此应变状态不仅取决于当时的应力状态，而且取决于应力应变的"历史"；④土体有蠕变（流变）作用，荷载不变，变形却会随时间增加而变化，所以本构定律中应包括时间因素；⑤应力、应变的变化率 $\left(\dfrac{\partial\sigma}{\partial t},\dfrac{\partial\varepsilon}{\partial t}\right)$ 也对之有影响。土石料的破坏规律也一样的复杂。所以一般来讲，土石料的本构定律应写成如下形式：

---

❶ 张量是个数学名词，是矢量（向量）的推广。在一个坐标系统中，张量由若干个分量来表示。当它从一个坐标系改变为另一个坐标系时，张量的分量应满足一定的变换关系。

$$F\left(\sigma(t), \varepsilon(t), \frac{\partial \sigma}{\partial t}, \frac{\partial \varepsilon}{\partial t}, \cdots\right) = 0$$

显然，这比虎克定律要复杂得多。

数十年来，有关学者和工程师对土石料的本构定律做了不倦的研究和试验，提出了各种假定和公式，作为计算土石坝的根据，使我们能大致预估土石坝的工作状态。但至今还没有一个公认的可用于各种土石料的本构定律和破坏准则（也许不存在这种通用公式），这个课题大有探索余地，特别是土石坝在地震中的反应更难精确计算。

尽管有上述不足，20 世纪中毕竟对土石坝的研究取得了重大进展，许多基本机理得到阐明，依靠理论发展、模型试验以及长期积累的经验，以及巨型施工机械的出现，人们成功地修建了大量高土石坝，包括 300m 量级的土石坝，这也是目前世界上最高的水坝。

第四节　20 世纪的建坝成就

20 世纪在人类文明发展史上只是短短的瞬间，然而就在这一瞬间，科学技术却发生了爆炸性的进展：核能的发现及利用；火箭技术和宇宙航行；微电子技术和信息世界；生物工程乃至动物的克隆……，真可谓光怪陆离，目不暇接。19 世纪伟大的科学家或预言家如置身今日，恐怕都要瞠目以对，惊奇万分。

像土木建筑一类的传统学科，当然不能像新兴学科那样有惊世震俗的变化，但同样取得了长足的进展。以坝工建设为例，在世纪之初，人们还只能根据经验和简单的准则及粗糙的试验，修建些不高的圬工坝或土石坝，而且屡建屡毁。能建成数十米高的水坝，已被认为是空前盛举。到 20 世纪末，不仅全球有了几万甚至十万多座上规模的水坝，而且其中不乏在高度和规模已非世纪之初所能想象者。根据参考文献 [3] 的资料，当前已建成 200m 以上的高坝就有 28 座，在建中的有 8 座❶。文献 [3] 中对这 36 座超级高坝有详细的介绍，有兴趣的读者可以从中获窥全豹。在本书中，我们只能选择少数几座有"里程碑"意义的坝或有特殊情况值得一提的坝介绍几句。

在 1931～1936 年间修建于美国科罗拉多河上的胡佛重力式拱坝，无疑在坝工史上具有里程碑意义。在此之前，百米量级的坝已算是了不起的成就，而胡佛坝一举达到 221m 的高度，不仅当时为世界之冠，以后二十多年中还一直保持着这个纪录。胡佛坝建在科罗拉多河著名的"黑峡"处，这里峡深坡陡，基岩完整坚硬，周围荒无人烟，建坝目的是蓄水发电和灌溉，由美国内部垦务局负责设计和建造。垦务局为了攻克这座超级水坝建设中的各项难题，组织了大批科学家和工程师进行研究：坝体应力的详细分析、试载法的提出和完善、地震时坝体及水库的反应、坝体的温度变化和温度应力、柱状块分缝、接缝灌浆、水管冷却、缆机浇筑、特种水泥研制、大坝的监测和维护……，为世界混凝土坝的发展起了奠基作用，所发表和出版的大量论文、资料和著作长期成为各国坝工工程师的重要参考资料。当然，这座重力拱坝的断面今天看来

---

❶　该书出版时，全球又有 11 座超高坝正在兴建。

是过分保守的，现在重新设计的话至少可节约一半混凝土量，但毕竟是历史上的大跨越。1955 年美国土木工程师学会评其为美国现代土木工程七大奇迹之一是不过分的（见图 2-2-6）。

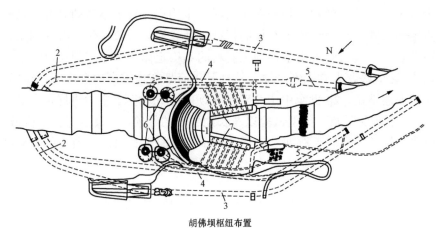

胡佛坝枢纽布置

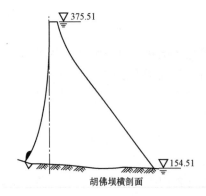

胡佛坝坝体压应力值

	最大拱冠梁应力 (MPa)			最大拱应力 (高程305m)(MPa)		
	上游面	下游面	剪应力	上游面	下游面	剪应力
不考虑地震	3.75	2.43	1.26	0.014	1.67	0.44
考虑地震	2.62	3.09	1.48	0.3	2.25	0.6

图 2-2-6　胡佛坝（单位：m）

1—大坝；2—导流隧洞；3—泄洪隧洞；4—发电引水隧洞；

5—辅助泄洪隧洞；6—进水塔；7—厂房

　　胡佛坝的高度纪录到 1958 年瑞士建成莫瓦桑拱坝才被打破。莫瓦桑坝位于罗纳河支流上，高 237m（1991 年加高到 250.5m），是座典型的欧洲式双曲薄拱坝。接着，意大利于 1961 年建成高 262m 的瓦依昂薄拱坝，这座坝因水库库岸滑坡而报废，本篇第三章中有较详细的介绍。莫瓦桑和瓦依昂坝虽高，但都建在小河上，所以工程规模、库容、电站装机等都不能于胡佛坝相提并论。

　　在重力坝方面，瑞士花了 10 年时间（1951～1961 年）建成了迄今为止最高的混凝土坝：285m 高的大狄克逊重力坝。这座坝的总方量达 600 万 m^3，是分期加高建成的。瑞士工程师在"分期加高"技术上很下了些功夫，主要措施是先建上游部分坝体，再建下游部分并加高，在上下游新老混凝土块之间留一条狭槽，待新混凝土收缩稳定后再回填狭槽以保证坝体的整体性。

　　在 20 世纪 60 年代修建的坝中还有几座值得一提。印度的巴克拉重力坝，高 226m，修建在较差的地基上，完全采用美国的技术和聘请美国顾问修建，至今仍是印度已建的最高和重要的大坝。美国的格兰峡重力拱坝，高 216m，是美国继胡佛坝后修建的第二座高拱坝，其断面比胡佛坝已"清瘦"很多，但仍不能和西欧的"瘦美人"相比。另一座是美国的奥罗维尔土石坝（1961～1968 年），该坝修建在萨克拉证明多河的支流上，最大坝高达 230m，斜心墙防渗，坝体体积达 6116 万 m³，使土石坝的高度首次突破 200m。通过这座坝的建设，美国在土石坝建设和抗震技术上有了很大进展。

还必须提到 1962～1968 年在加拿大马克可长根河上建的马尼克第五级大坝，其特点：一是水库大，容积达 1419 亿 m³，二是它为一座颇具特色的高连拱坝，最大坝高 214m，有 13 个拱 14 个垛，中间跨河床部分是个大拱，跨度达 165m，两侧为 12 个小拱，跨度 76m，坝顶全长达 1314m，可谓连拱坝之冠。这座别开生面、库大坝美的工程堪称杰作，但坝址气候条件严酷，结构体型复杂，运行后受温度剧烈变化影响，多处开裂渗水，还发生不可逆的变位，进行了修补处理。这说明：在恶劣气候条件下修建体型复杂、结构单薄的坝应特别慎重。

进入 20 世纪 70 年代，世界高坝建设进入新的高潮，有代表性的是加拿大 242m 高的买加心墙土石坝，特色是用冰碛土（而不用黏土）筑心墙，另在泄水孔内采用"孔板消能"。由于泄水孔利用位置很低的导流洞改建而成，水头高达 180m，如不采取措施，洞内流速将达 52m/s 左右。为了降低流速，在洞内修建两座混凝土塞（间隔 104m），在塞内装三根钢管泄水，使水流从管中泄出时突然扩大，再次收缩和突扩，约有 37 万 kW 的能量得到消除。

在重力坝方面，美国修建了 219m 高的德沃歇克重力坝，施工时摒弃了常规的柱状浇筑法改用在严格控制温度条件下的通仓连续浇筑，确是混凝土坝施工的一大革新。但投产后许多坝段的上游产生劈头裂缝，有的已深入发展，廊道内大量渗水，后又进行了细致处理。这说明要进行通仓浇筑，特别是在温度年变化幅度巨大的地区采用这种方法施工，需特别慎重。

还可以提一下奥地利的柯恩布莱因（Kolnbrein）拱坝。这座坝高 200m，是典型的欧式双曲拱坝，按常规方式设计施工，1974 年开工，1977 年完成。这座坝之所以出名，是因为 1978 年水库蓄高后大坝坝踵及内部严重断裂，经紧急放库才免于垮坝。以后，在坝址后加了个"支撑坝"加固，但又不能让支撑坝直接和原坝固接，因此采取了很复杂的接触措施，使库水位上升时，压力合理地分传给支撑坝，此事故说明对高拱坝的设计绝不能掉以轻心。

还应该讲讲前苏联的坝工建设。前苏联在 20 世纪 50 年代前主要修建软基上的低坝，60 年代初开始设计建造高坝，在 70～80 年代达到高峰。1978 年建成的托克托古尔重力坝高达 215m，建在极窄的河谷中，断面较大，坝下为电厂。由于河谷太陡太窄，厂房内采取"双排机组"布置；坝址地质条件很差，地震烈度高（最大校核加速度达 0.45g，相对于 10 度烈度），因而断面型式很特殊（见图 2-2-7）。类似的还有一座契尔盖拱坝，高 232.5m，坝后也有一座双排机组的厂房。

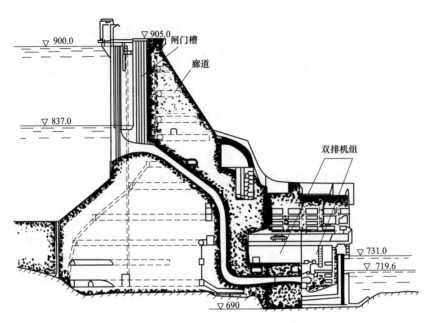

图 2-2-7　托克托古尔坝（单位：m）

20 世纪 80 年代中，坝工建设继续发展，前苏联的成就更多。她在 80 年代初建成 271.5m 高的英古里拱坝。坝址地质条件不利，地震烈度高，为了松弛应力集中，沿地基设置了周边缝将坝身与混凝土垫座隔开。为了抗震，在坝内布置很多钢筋，穿过横缝，把相邻坝段连接起来。坝身划分为 38 个坝段浇筑，总量 396 万 m^3。英古里坝至今仍为世界上最高的拱坝。在土石坝方面前苏联也创造纪录。1980 年建成高 300m 的努列克心墙堆石坝，这是人类建造的第一座 300m 级的高坝，这座坝主要为发电（装机容量 270 万 kW），坝址区地震烈度达 9 度，设计中对土石坝的抗震问题做了许多研究和采取了一些加固措施，特别是在坝内配置了相当多的钢筋。

1989 年前苏联建成萨扬舒申斯克工程，这是座巨大的水电站（640 万 kW），大坝为高 245m 的重力拱坝，位于西伯利亚叶尼塞河上游（是前苏联解体后留在俄罗斯境内的少数高坝之一），当地气候条件严酷（−44℃至 40℃），泄洪量也较大，消力池曾多次补强。前苏联通过这座坝的设计，使高拱坝建设水平大有提高，但断面仍较大（见图 2-2-8）。

前苏联还设计修建了塔吉克境内的罗贡土石坝（在努列克坝上游），高达 335m，于 1970 年开工；以及拟在吉尔吉斯境内用定向爆破法修建 275m 高的康巴拉金坝，为此并进行模拟试验，都是惊人之举。但由于联盟解体，工程进展均受挫折。总的看来，前苏联工程师敢于在地质条件不利和地震烈度很高的地区修建特高的坝，并敢于采取许多新技术和新措施，引人瞩目。但这批高坝建设周期都很长，开工后往往都经过十多年甚至二十年才建成，不计成本，体型上也较粗笨，估计在建造过程中是遇到过曲折的，联盟的解体更对它们的进展带来致命的影响。

20 世纪 90 年代在建的高坝还有印度的特里心墙堆石坝（高 260m）、中国的二滩拱坝（高 240m）、墨西哥的锡马潘拱坝（高 203m）和土耳其的伯克拱坝（高 201m）

等，不再详述（见图 2-2-9）。

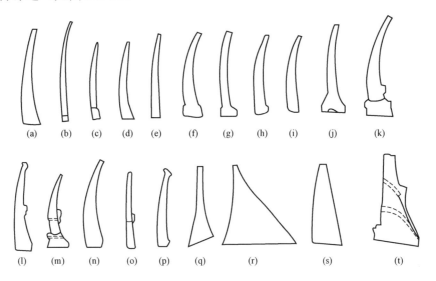

图 2-2-8 世界上有代表性的高拱坝横剖面的比较图

（a）莫瓦桑；（b）瓦依昂；（c）迪兹；（d）卢佐纳；（e）康特拉；（f）阿尔门德拉；（g）姆拉丁其；

（h）卡比尔；（i）柯恩布莱因；（j）契尔盖；（k）英古里；（l）埃尔卡洪；（m）胡顿；（n）二滩；

（o）锡马潘；（p）伯克；（q）罗斯；（r）胡佛；（s）格兰峡；（t）萨扬舒申斯克

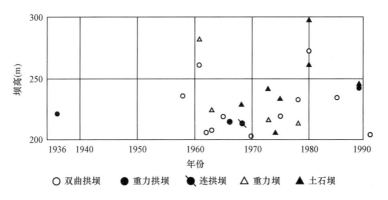

图 2-2-9 世界高坝（高于 200m）建设的进展

根据以上的分析，20 世纪堪称是坝工技术大发展的时期。可是，尽管取得了巨大成就，水坝建设仍然没有从"必然王国"走向"自由王国"，许多地方仍要依靠经验，依靠"黑匣子操作"，用现代技术设计建造的水坝的失事概率虽然已极低，但仍然存在风险，这是为什么呢？

回答是：水坝建设牵涉到的问题和因素实在是太多和太复杂了。有些问题难以定量，有的问题甚至近代科技还不能解决。

譬如说，水坝是挡水的，但谁能说清一座水坝投产后可能会遭遇到多大洪水的侵袭？这个问题对土石坝尤为重要，唯一的办法是提高设计标准来降低风险度，可这要付出代价。设计标准不能无限地提高，否则就使工程变得不可行了。同样性质而且更为复杂的是地震问题，天知道水坝在其使用年限内会遇上什么样的大地震。

水坝是修建在地基上的，如地基出事，则"皮之不存，毛将焉附？"可是天然地基是那样复杂，即使是岩基，岩石也决非铁板一块，其中有无数的薄弱环节：断层、节理、裂隙、夹层、剪切带、洞穴孔隙、风化破碎……无论做多么精确的勘测，不可能完全查清——即使能查清，又怎么一一用到设计和施工中去呢？

姑且不谈地基，就是对筑坝材料本身的特性也难彻底掌握。例如土石坝是由黏土和砂砾石堆筑的，人们实在难以了解在一座坝中亿万颗粒是怎么分布排列的，难以彻底弄清材料的特性（应力、变形、破坏）是怎么变化的，更不要说能用数学公式来驾驭描摹了，而没有这些数学公式，近代的计算分析便无能为力。一艘宇宙飞船或一颗人造卫星和一座土坝相比，前者集现代科技之大成，后者简直"土"得不堪言，应自惭形秽了。可是，科学家能精确地计算和控制火箭或卫星在茫茫宇宙中的航行，而哪一位大师能计算出土坝在一次地震中的精确反应呢？

即使拿修建在岩基上的重力坝来说（这是坝工中最简单的课题了），究竟应该怎么科学合理而精确地进行设计呢？例如如何确定它的抗滑安全性，就是个解不开的谜。至今还只能遵循"Rule of Thumb"（经验规则）来解决。难怪国内外许多学者都叹道："坝工学与其说是一门科学，还不如说是一门技术（art）"。

我们引述这些事实和观点，不是对坝工的科技进展感到失望，只是想说明：水坝尽管是最古老的建筑物，坝工技术虽在 20 世纪中有了充分的发展，但还留下许多疑难，水坝科学的探索远未到尽头，等待着人们来探求这无穷的奥秘。

第五节　中国的崛起和 21 世纪的坝工界

在 20 世纪的坝工建设大发展中，有悠久水利史的中国却起步较迟，但又以腾飞的速度追赶上前。在新中国成立前，由于政治腐败、兵燹不断、国力凋敝，除日本人投降撤退时留下一座千疮百孔的丰满水坝和与朝鲜共有的水丰坝外，中华大地上没有一座上规模的大坝。新中国成立后，由于水利和水电建设的急需，不久就掀起建坝高潮。

从 50 年代起，由于要根治淮河，开始在其支流上修建了一系列水坝：佛子岭、梅山、响洪甸、磨子潭等，坝高均在 70～80m，坝型为连拱坝、重力拱坝等，另外还修建了一批土坝。50 年代后期到 60 年代，为整治开发黄河、汉江和满足宁夏、内蒙古、北京供水及灌溉之需，开工兴建了更大规模的三门峡、丹江口、固县、青铜峡和密云等工程。除密云水库采用的是一座大型土坝外，其余均为混凝土高坝或大闸，青铜峡枢纽还采用少见的"闸墩式厂房"布置（将发电厂房放在闸墩中）。

在水电领域，新中国成立后不久即兴建第一批水电站：福建的古田溪梯级、浙江的黄坛口工程、四川的狮子滩工程、龙溪河梯级和江西上犹江电站。狮子滩是一座混凝土挡墙与堆石体结合的混合坝，大具新意。上犹江是一座坝内厂房式的重力坝，在当时条件下，为设计这座坝很让技术人员绞尽脑汁，但毕竟为以后的枫树岭、牛路岭空腹坝开了先河。

在"大跃进"时期，坝工建设更出现了"万马奔腾"的局面，从稍早时开工的流溪河、新安江工程开始，湖南资水上的柘溪，广东的新丰江，浙江的富春江、湖南镇，黄河上的刘家峡、盐锅峡，贵州猫跳河梯级和红枫大坝，云南以礼河梯级及毛家村大坝……简直屈指难数。其中流溪河是高78m坝顶溢流的拱坝，新安江是高105m、库容178亿 m^3 的大宽缝重力坝（也是中国第一座高度超百米的水坝），柘溪是高104m的大头坝，毛家村是当时最高的碾压式土坝。这些坝大都在三年左右建成，使中国坝工建设真的"跃进"了一步。当然也出现许多事故，有些坝中途停工数年，再复工建成，例如刘家峡和浙江的湖南镇（乌溪江）。在这段时间里还用定向爆破法修建了两座堆石坝：广东的南水和陕西的石砭峪。

60年代中期起，一批停工的大坝开始复建。如刘家峡是座高147m的整体式重力坝，1964年复建，它的水电厂容量首先突破百万千瓦。湖南镇大坝高129m，改用"梯形坝"的少见型式。1966年兴建大渡河上第一坝龚嘴重力坝（最终坝高150m，首期高86m）。1970年开始兴建万里长江第一坝——葛洲坝枢纽（但重蹈"大跃进"覆辙，在1972年底停工，1974年复工）。1970年起兴建贵州乌江上的乌江渡工程，这座大坝建在"洞中有洞，洞洞相通"的岩溶发达地区，为一座高165m的拱形重力坝，建成后滴水不漏，创岩溶地区建坝奇迹。1975年前后似乎又迎来了第二次建坝高潮，先后开工了甘肃白龙江上的碧口和陕西的石头河都是超百米的土石坝、沅水上的凤滩（高110.5m的空腹拱坝，空腹中布置了40万kW的水电机组，拱顶泄洪量26600m^3/s，至今仍为这类坝的世界之冠）、滦河上的潘家口重力坝（高107.5m，泄洪能力超过5万 m^3/s，采用新型消能方式）、松花江上的白山拱坝（高149.5m）、红水河上的大化重力坝、黄河上的龙羊峡重力坝（高178m，库容247亿 m^3，号称黄河龙头水库，为当时中国最高的坝和最大的水库）、湖南耒水上的东江拱坝（高150m的双曲拱坝，以体型优美和质量优秀著称）、汉江上的安康重力坝（高128m）等。

1978年开始的改革开放，为坝工建设带来新的机遇。在1978年以后开工和建成的较大工程有红水河上的岩滩重力坝（高110m）、赣江上的万安重力坝（68m）、大渡河上的铜街子重力坝（79m）、白龙江上的宝珠寺重力坝（132m）、浙江的紧水滩双曲拱坝（101m）、乌江上的东风双曲拱坝（162m）、云南黄泥河上的鲁布革土石坝（103.8m）、闽江上的水口重力坝（101m）、沅水上的五强溪重力坝（87.5m）、清江上的隔河岩重力拱坝（151m）、澜沧江上的漫湾重力坝（132m）、黄河上的李家峡重力拱坝（165m、双排机组），几乎遍布中国主要河流。

进入90年代，中国的坝工技术更向世界水平跃进。例如修建在雅砻江上的二滩双曲拱坝，高240m，是世界第四高的双曲拱坝。按高度计，它虽排在英古里、瓦依昂坝和莫瓦桑之后，但后者都建在小河上（英古里平均流量仅155m^3/s，瓦依昂河更为一条小溪，而且坝已报废），而二滩泄洪量达22000m^3/s以上，从综合难度来讲，二滩无疑名列前茅。红水河上的天生桥一级坝，是高178m的面板堆石坝，完工时名列世界前茅。四川省139m的沙牌碾压混凝土拱坝也是世界之最。正在施工的黄河小浪底土石坝，高154m，技术上极为复杂，更不要说在建中高183m的三峡大坝，其规模和工程量堪称混凝土坝冠军。

中国坝工的发展还有一个特点，即除上述重点工程外，各地还修建了大量地方工程，主要是土石坝（包括水坠坝和水中倒土坝）、砌石坝（包括砌石拱坝和连拱坝），浙江省还发展了一种溢流土石坝。这些地方所建的坝数量之大，形式之多姿多态，世所少见。有不少的坝规模不小，如河南省的群英砌石拱坝高达 100.5m，坝顶泄洪量达 4300m³/s，可能是世界上最高的砌石拱坝。到 20 世纪末，中国高 30m 以上的大坝达 4539 座，如计及 30m 以下的就难以精确统计[1]，总有数万座之多。国际大坝委员会（ICOLD）前主席弗尔屈洛浦（J.Veltrop）曾开玩笑说，到中国考察不知应如何去参观这几万座大坝！确实，经过不到 50 年的努力，中国已从无现代化水坝之国一跃而为世界坝工大国。图 2-2-10～图 2-2-13 是中国几座大坝的英姿。

第一篇

千秋功罪话水坝

图 2-2-10　中国第一座超百米的大坝——新安江大坝

图 2-2-11　东江拱坝

---

[1]　据 1979 年出版的《Dam Construction by the Chinese People》书中统计，全国大中小水库已达 89000 余座。（其中 15m 以上在 ICOLD 登记的大坝为 21000 座）

图 2-2-12　万里长江第一坝——葛洲坝枢纽

图 2-2-13　二滩大坝

　　20 世纪是这样，瞻望 21 世纪又将如何呢？1992 年 9 月，国际大坝委员会在西班牙的格兰拉达城举行第 59 届年会。秘书长法国人柯蒂隆先生（Joannes Cotillon）在他的总结发言上，宣布了上一年全世界的建坝统计资料，并对发展趋势做了预测。他不安地宣布，1991 年全球在建大坝 1100 多座，中国占了 250 座。其中在建的 150m 以上高坝 21 座，中国占了 5 座。中国加上土耳其两国建坝总数占全球的 40%。他承认，当前建坝的总趋势和发展方向主要取决于亚洲，特别是中国。他有些不甘心地问：不知这些统计资料是否反映实际？是否代表今后的趋势？

　　作为一位西方的坝工界人士，卡蒂隆先生的不安和怀疑是可以理解的。现在离开他讲话又过去了八个年头。中国的建坝趋势有增无减，而且像整治黄河、长江的小浪底、三峡工程也已付诸实施。据 1998 年底统计，全世界在建的 60m 以上高坝共 346

座，其中中国占 114 座之多。卡蒂隆先生应该接受下述事实了：近代的坝工建设，肇始于 20 世纪初的西欧，三四十年代重心转移到北美，然后转到前苏联，到 20 世纪末又转移到亚洲、中国。欧美各国坝工界的先驱们所做出的贡献将永载史册，但那毕竟已成为过去。对于新世纪来讲，我们可以坦率地说，它将是发展中国家的世纪，特别是中国的世纪。

这样说有什么根据呢？

需求是促使科技发展的推动力，资源（包括人力资源）又是科技发展的基础。经过近一个世纪的开发，欧美发达国家的优良坝址开发将尽，有些国家的可开发水力资源利用率已达到甚至超过 90%。资源的枯竭使他们的坝工建设限于更新、改造和修建一些中小工程和蓄能工程。

即使还剩下一点资源，供需关系和市场规律也限制其开发。发达国家人口不多，拥有全球最大规模的生产能力。按人口平均计，他们生产和消耗的各种产品、能源包括水资源都比发展中国家高出一个数量级甚至更多。他们的经济发展以高新技术带来的高附加值为主，只要适当进行节约和调整，足以满足需求。以能源为例，美国人均拥有 3kW 以上的电力，年用电 13000kW·h，是中国的 15 倍。因此，核电退役、水电停建，已没有罗斯福时代大建高坝大库的需求了。

生态环境保护要求和移民的困难，也制约了他们的坝工建设。从工业革命时期算起，发达国家是靠掠夺资源和牺牲环境为代价发家的。进入 20 世纪，人们对保护生态环境的重要性认识愈深，要求就愈高，出现了大批环境保护组织，他们的要求有合理的一面，也有过分的地方，特别在发达国家中，有些要求近于苛刻。此外，建水库不免要迁移一些居民，发达国家的生活水平高，还讲究"人权"、"狗权"……，移民工作就很难进行。有些库区的居民不仅要求高额赔偿，而且要求迁移区必须按原有形式复建村镇——简直像搬迁古迹。总之，在发达国家要申建一座水坝，手续十分复杂，难度很高，当然也制约了其发展。

上述情况在发展中国家就有所不同。以最大的发展中国家中国来说，由于受地理、气象等自然条件的影响，中国深受洪旱灾害之苦。新中国成立以来，尽管经过艰苦拼搏，取得兴建水利的巨大成就，但离开整治江河控制灾害的目标还有很大距离，在新的世纪中，中国必须解决这个问题，需要拥有更多的水库，兴建更多的水利工程。

随着国民经济不断高速增长，在新世纪中，中国的能源供需前景严峻。但中国又拥有举世无双的水力资源，可开发的水电容量近 4 亿 kW，年发电量近 2 万亿 kW·h。按能源计，20 世纪开发的不过 10%，待开发的大型和特大型水电站达 203 座，分布在云贵川藏人烟稀少的金沙江、雅砻江、大渡河、乌江、澜沧江、红水河……上。这些源源不绝的宝藏，必将在 21 世纪内得到充分开发，中国将成为世界上头号水电大国。

表 2-2-1　　　　　　　　　　21 世纪待建的 200m 级高坝大型电站枢纽

序号	高坝枢纽名称	装机容量（MW）	坝型	最大坝高（最大水头）（m）	混凝土坝体积（1×10⁴m²）	土石坝（面板堆石坝）		泄洪建筑物		流域
						土石填筑量（1×10⁴m²）	河床覆盖层深度（m）	设计泄量（m³/s）	最大流速（m/s）	
1	溪洛渡	12000	双曲拱坝	273（230）	—	—	—	43700	60	金沙江
2	糯扎渡	5500	心墙堆石坝	258（215）	—		10～31	25100	49	澜沧江
3	龙滩	4200/5400	重力坝	一期/二期192/216.5	532/652	—	0～6	23500	45～50	红水河
4	小湾	4200	双曲拱坝	292（250）		—	18～31	15700	50 以上	澜沧江
5	拉西瓦	3720	双曲拱坝	254（220）	253	—	5～10	6000	50 以上	黄河
6	锦屏一级	3000	双曲拱坝	305（265）					50 以上	雅砻江
7	瀑布沟	3300	心墙堆石坝	186（178.5）	—	2274	75.36	9780	45	大渡河
8	构皮滩	2000	双曲拱坝	225（200）	346				45～50	乌江
9	水布垭	1500	面板堆石坝	227（207）		2326	—	16500	45 以上	清江
10	苗家坝	1040	心墙堆石坝	263（245）		3134	40	4360	50	白龙江
11	三板溪	1000	面板堆石坝	185.5		994		16411	45	酉水
12	洪家渡	540	面板堆石坝	182.5		1007		6996	45	乌江

说明：摘引自各设计单位资料。

有斜线者，线上线下各为一期、二期的统计值。

中国的水资源在空间上分布极不均衡，广大的西北和华北都是干旱或半干旱地区，严重地影响生产的发展和人民生活的改善。从长远看，必须实现跨流域引水计划，把长江流域的水北调，这个宏伟的改造自然的计划，将在新世纪内实现，又需要修建多少巨大的工程。有人甚至在考虑将雅鲁藏布江的水调到新疆和华北，"再造个中国"。这种计划目前虽尚属空想，但焉知不会在新世纪后期被提上日程呢？那又该修建多少座高坝大库和引水洞？

经过新中国成立后 50 年的努力，中国已积累了丰富的建设经验，培养了一支精锐的队伍，新的杰出人物和新技术不断涌现。外国专家承认：中国的工程师能够在任何江河上修建他们需要的任何类型大坝。这为新世纪中国坝工大发展准备了人才和技术资源。

中国在修建更多的高坝大库时，也会遇到环境和移民问题，但不会因噎废食，而能找到环境保护和经济增长兼顾和协调发展的路径。待建库区内的人民多数至今还生活在贫穷落后的条件中，兴建水库，固然要动迁居民，但也给他们从经济上翻身发展提供了难得的机会。

在表 2-2-1 里，我们简单列举了几座在 21 世纪初要修建的 200m 级的高坝。它们还仅是"冰山"之一角，其余较小的工程以及将在稍远些时候兴建的工程更不计其数。所以，我们可以满怀信心地说：21 世纪的坝工界将是中国世纪。

第三章

大 自 然 的 报 复

第一节　有改造就有反抗——从打破平衡到重建平衡

在上一章里，我们简单地介绍了人类在 20 世纪中取得的建坝成就，以及坝对人类做出的巨大贡献。但是没有提到为此曾付出的代价和走过的弯路，这些代价和弯路曾引起社会上、学术界对建坝的不同见解，以及引发过剧烈争论。无论你对水坝如何的情有独钟，要评说它的功过得失，这些异议和争论是不能不说的。

问题的本质其实也很简单：在河流上建坝拦水，打乱和改变了原来的状况，河流是否就那样驯服地听从摆布而屈服？面对人类的活动，大自然就那样地无所作为而认输？——回答绝对是否定的。

物理学中有条定理：有作用力，就必然有反作用力。在社会科学里，话就讲得更加鲜明：哪里有压迫，哪里就有反抗。看起来，河流和大自然也遵循着这条规律行事。

一条河流，连同它的水量补给区域（流域），经过千万年的发展、演变，逐渐形成了一个大致平衡的系统，这里包括流量、流速、输沙、河势、地下水、地形、地貌、原始地应力、植被、栖息的生物乃至局部的气候和居民的生产、生活方式等。拦河建坝，抬高了水位，控制泄流后，这些原有的平衡状态被打破了，所有有关的因素都要发生错综复杂的变化，要经过一段时期的"磨合"和"演变"，才能达到新的平衡状态。和原来的状态相比，有些方面起了有益的变化，而另一些方面会出现有害的变化。坝愈高、水库愈大，建坝带来的变化也愈强烈、愈深远，"磨合"期也会愈长。

下面我们就把建坝所产生的各种变化统称为建坝的影响。这里，有些影响是"立竿见影"地出现，有些影响则像癌症和艾滋病病毒那样有很长的潜伏期。工程师们如果没有对所有重要的影响进行深入全面的分析研究，草率地修建高坝大库是危险和不负责任的，而且往往会受到大自然的无情惩罚。

在考虑河流和大自然对建坝的反抗时，首先当然会想到水坝能否承受各种荷载（特别是上游面的水压力）而站稳不垮——任你荷载千万种，我自岿然不动？学过初等物理学，我们都知道水库对大坝施加的压力是巨大的。一座高 200m、长 500m 的水坝，它承受的总的水平推力达到 1000 万 t（1 亿 kN）的数量级。值得注意的是，这种压力是永久地施加在坝上，不给你喘息的机会，而且水在高压作用下，还会无孔不入地钻进坝体和地基的每一条裂隙和孔洞中去，进行"挖心战"，无限期地从事破坏活动。而坝体和地基，则随着"年龄"的增高，材料强度会逐渐降低，性能会恶化，各种防护措施会缓慢失效，时间是有利于大自然这一边的。要知道水坝像人一样，也有生老病死，有它的寿命。

水压力（包括渗透压力）虽然是主要的荷载，但还比较容易算清，事实上，水坝在修建和运行中还会承受种种意外和算不清的荷载，例如复杂的温度变化产生的温度应力（这对混凝土坝尤为重要），遭受强烈地震时的震动应力，由于材料内部发生变化而出现的"自生应力"等。所以，任何一位坝工设计大师都无权宣称他已掌握了一座水坝的全部性能和机密。相反，正如上一章中所述，坝工学至今还不能称为是一门严谨的科学，而带有一些技艺（art）的味道。

尽管如此，在遭受几次重大的教训和事故后，科学家和工程师们加强了对坝体（包括地基）在各种荷载作用下的反应的研究，探索它的破坏机理，提出预警和防治措施。20世纪中一些重大科技进步，包括计算理论的发展和电子计算机的出现，以及新材料新监测手段的应用，大大提高了水坝的安全性和可靠性。按照现代理论设计、用现代工艺建造起来的水坝，其失事率是极低的，居住在坝下游的居民完全没有必要担心水坝出事，至少不会比乘坐火车更危险。看起来，在抵抗荷载、保证大坝稳定方面，工程师们已取得足以自傲的战果。

但是这仅是从"力学"和"结构"上讲的，而且这只是诸多问题中较简单的一个。坝建多了，一系列更多也更难回答的问题出现在工程师的面前，例如：

（1）建坝后，上游总要形成或大或小的水库，库内和两岸水位都要升高——从几米到几百米，它会产生什么自然条件的变化？引发什么灾害？例如两岸的崩坍、滑坡甚至地震（这种地震称为水库诱发地震），这些灾害有多严重？怎么预报和预防？

（2）水库的形成必然要淹没一定的耕地、果园和山坡，还会淹没一些名胜古迹，改变一些天然景观。有些秀丽的风光将为之逊色，未及发掘的文物将永沦水底。更重要的是，淹没区内的居民将被迫迁移。如果库区附近缺乏足够和适宜的环境可供移民生产、生活，他们还要远迁他乡，或在库区内进行有害的开发，导致水土流失，恶化生态环境。

（3）许多河流都挟带泥沙向下游宣泄。大江大河入海口处肥沃的三角洲正是这样形成的。水坝截断河流形成水库后，河水不再按天然方式下泄。至少在水坝建成运行后的初期，大部分上游来沙将沉积在库内，这将带来什么影响？从坝或隧洞中下泄的清水，又会对下游河道产生什么后果？

（4）许多鱼类都有沿河溯流而上，到上游产卵后再回下游和大海的习性。水坝截断了鱼类洄游通道，它们将怎样"应变"？虽然工程师们也煞费心思在一些水利枢纽中修建了"鱼道"、"鱼梯"，效果总不理想。我就经常看到一些"门庭冷落"的过鱼建筑物。要知道鱼儿毕竟不是人，不能张贴布告或用喇叭广播："此处建坝，请走旁边鱼道"。

（5）随着水库的形成，还会影响陆生的动植物。动物要窜移他方，植物会被淹没枯萎。如果牵涉到一些珍稀或濒危物种，问题就更严重。今天，灭绝一种物种就像消灭一个民族那样罪不可赦。水库在近岸处常会形成浅滩、沼泽和水塘，杂草丛生，成为蚊蝇害虫的滋生地，影响人群健康。终年潺潺流动的河水，本来具有一定的"自净"能力，积储在水库中后，流速变慢，几乎成为静水区，污染物就容易富集，影响水的质量和温度。有的水库下游，还会因地下水位上升而出现大面积的"沼泽化"或"潜育化"[1]危险。水库淤积或建库后不适应的灌溉田地还可能发生耕地盐碱化问题。

（6）江河中流量及含沙量的变化，甚至会影响到数百公里乃至千里以下的入海口，使那里的潮水入侵、盐分增高、岸坡崩坍，还会影响航道稳定乃至近海区的渔业。这简直有些像"蝴蝶效应"那么神奇了（蝴蝶效应是说在大洋一侧有一只蝴蝶扇动翅膀会影响到大洋的另一侧），但并不是全无道理。

（7）大水库甚至还会影响到局部地区的气候！

诸如此类的问题还可以列出一些，并可细分为数十种（参见第五章）。和水坝接触不多的读者们看到这里，也许会吃惊非浅：天啊，原来建一座水坝会引起那么多的后果啊，今后还能不能再建坝了？是的，像水坝这样的建筑物的出现，会打破或扰动长期以来形成的平衡状态——这种状态是由许多因素错综复杂、互为因果地联系在一起的，确实会牵动全身，至少理论上是这样。问题是要实事求是地加以分析：分清哪些是利，哪些是弊？利大于弊还是弊大于利？对于弊，到底影响程度有多大？哪些是不可逆转的，哪些是可以防止、缓解、补偿的？只要客观公正地弄清这些问题，这个行业的工程师们还是有一些保留饭碗的机会。

下面我们就从中外建坝的经验教训中，取出几个典型例子来做些说明吧。

第二节　玛尔帕塞的悲剧[2]

西欧和北美是世界上推动建坝技术发展的两大中心，西欧的历史更早一些。这两位祖师爷的建坝思路和风格似乎有些差异。对于美国来讲，她修建的坝以大体积的重力坝和土石坝为多，当然也修建了不少高拱坝，但坝身也常较厚实。像那座著名的高221m 的胡佛拱坝，它的断面完全不比重力坝瘦小。这也许是她国力强大、物资丰富的反映，但和工程师们重视水坝的安全度也有一定关系吧。而西欧的工程师们似乎要"胆大妄为"一些。他们更多地喜欢修建一些轻巧的坝，特别对体形优美、多姿多彩的拱坝，更是情有独钟。有些国家还喜欢在拱坝坝身与地基基座间留一道"周边缝"，人为地"切上一刀"（如意大利和西班牙）。即使修建重力坝，也想突破传统做法，在断面上挖些潜力。这一方面说明他们的思想较为解放，另一方面似也和二战后国力有限、物资短缺，而且他们的河流都较短小有关。

安德烈·柯因先生是一位著名的法国坝工专家，也是国际上久负盛名的柯因—贝利埃咨询公司的创始人。柯因一辈子从事水坝的设计、研究和建设，经手的水坝不计其数。到 1959 年他在五大洲 14 个国家设计建成 80 多座大坝，其中近一半为拱坝。在四五十年代，大坝的分析理论和计算手段都还落后，许多复杂的坝只能依靠近似的计算加上模型实验来设计，柯因却以他出众的才智、丰富的经验和创造性的思考设计了

---

❶ 潜育化是指由于地下水长期浸渍影响，对土层产生化学、物理作用，使之通气不良，养分转化慢，土性冷湿、耕作困难，影响作物主要是水稻的生长。

❷ 本节和下一节的材料，多参考《大坝事故与安全·拱坝》（汝乃华、姜忠胜编著）写成，见参考文献［4］。另可参考美国垦务局 1983 年出版的《Dams and Pubic Safety》。

许多巨大、复杂、构思巧妙的大坝，而且建一座成一座。他的成就和贡献，使他赢得了全球坝工界的尊敬与崇拜。他自 1937 至 1955 年任法国大坝委员会主席达 18 年，1946～1952 年破例地连任两届国际大坝会议主席，历史 6 年，法国乃至国际上一大批年轻工程师都追随他，那时的他达到了事业的顶峰。

在各种坝型中，柯因对薄拱坝特别垂青。他欣赏拱坝优美的外貌，信赖拱坝的无穷潜力。他认为拱坝没有必要再两端加厚，加厚拱坝只会引起应力集中，"成事不足败事有余"。在他讲授大坝工程的讲义中曾讲过："在工程中，有一种从来没有垮掉过的结构物，这是很少的也许是独一无二的，这就是拱。……尽管它体形单薄、……承受应力很高，事实是：拱坝是所有建筑物中最为安全的一种"。在他的讲义中也有严肃的告诫："坝座是最为重要的部分，只要坝座能站住，拱坝就不会出事"。柯因对"拱"这种结构的信赖和钟爱，确实达到空前的程度。为了印证他的观点，柯—贝公司还在法国修建了两座试验性的极薄的拱坝。一座是 1953 年修建的加日拱坝，这座坝高 41m，水库库容仅 330 万 m^3，两岸居民和其他建筑物也很少，柯因就决定设计修建了一座极薄的拱坝：坝顶厚仅 1.3m，拱冠梁底也仅厚 2.57m。另一座是位于科西嘉岛上的托拉拱坝，它的规模较大，最大坝高 90m，坝顶厚 1.5m，拱冠梁底厚 2.43m，更创薄拱坝的纪录。这两座拱坝建成后，其实都出现了一些异常情况：拱内拉应力过大、混凝土开裂和发生异常变形。但在当时似乎都被忽视了。柯因把这两座极薄的拱坝作为拱坝具有极高应变能力和强度储备的例证加以介绍。在他看来，拱坝只有其平均应力都接近混凝土的极限强度才会以压碎的形式破坏。所以，只要保留一定的安全度，拱坝的计算分析也不必过分精细，在承受荷载后它自有多种途径来挖掘潜力，解决问题。现在看来，他的观点有些片面和过分乐观。事实是，加日和托拉拱坝在运行几年后，前者已被迫废弃，后者则进行了全面加固。

现在我们回到玛尔帕塞拱坝这个主题上来。在法国东南角有一个小小的瓦尔（Var）省，这里有一条不长的莱朗（Rayran）河，静静地从源头流入地中海。为了满足当地拱水、灌溉和防洪需要，当局决定修建一座水坝。地质勘测工作是 1946 年开始的，在 1949 年选定了现在的坝址。这是一个长 500m 的峡谷，离开入海口仅 14km。坝址以上流域面积 48.2km^2，多年平均径流量 2270 万 m^3，实测最大洪水 120m^3/s。一个水文年中 7～8 月为枯水期，12 月至次年 4 月为洪水期。坝址区河床高程 42.0m，河宽 30m，河谷呈不对称的梯形，左岸较为平缓。坝址基岩是"带状片麻岩，岩层走向南北（大致与河流平行），倾角一般为 30°～50°，倾向下游右岸。地质报告结论认为坝址岩石有良好的不透水性，可以修建混凝土坝，并建议建"空心重力坝"。总的讲，地质工作的深度是不够的。

水坝设计任务交给了柯因—贝利埃公司。和柯因所经手过的许多巨大的工程相比，玛尔帕赛坝最大坝高仅 66m，混凝土量近 4.8 万 m^3，真可谓是"小菜一碟"❶。所以尽管地质勘探资料有限，根据柯因的思路和经验，柯—贝公司在 1951 年很快完成了设计。他们采用"变中心变半径的双曲薄拱坝"设计，坝长 102.7m，坝顶高程 102.55m，坝的

---

❶ 今天，在中国的一个县都能修建这样的工程。

厚度从坝顶的 1.5m 向下增到底部的 6.78m（按他们的标准，这已经不算太薄了）。由于左岸较平缓，岩石也较差，所以修了一个推力墩与拱坝相接，这样坝身就比较对称。

水库总库容为 5100 万 m^3，有效库容为 2465 万 m^3。为了宣泄洪水，在坝顶中部设置自由溢洪道，在下面的河床上设置 30m×40m 的混凝土护坦保护。另外设有一条泄水管和取水口等。设计规定当洪水位超过 98.5m 时打开泄水孔放水。

对这样一项工程，设计工作似乎也做得较简单，他们采用简单的"拱冠梁"法分析应力，荷载只考虑了水压力，并核算了推力墩的稳定，认为一切均在许可范围之内。坝踵虽有些较大的拉应力，但通过拱坝的自动调整，可以保证安全。

大坝在 1952 年 4 月动工，1954 年 9 月建成，施工质量控制还是比较严格的。水库在 1954 年 4 月封孔蓄水，但到 1959 年，库水位一直没有超过 95m，在此期内，情况令人满意，只在 1959 年 7 月观测到中央悬臂梁底部的水平位移增加了 10mm，另外在护坦上出现了裂缝，但这些"小小的异常"也没有引起运行人员注意。一切似乎都很正常，按照常规办法和经验设计修建的玛尔帕塞拱坝，似乎已能够长期安全地矗立在莱朗河上了。

然而晴天霹雳似的，这座拱坝在 1959 年 12 月 2 日晚突然崩溃，造成惨重损失。这可以说是第一座瞬时间全部破坏的现代双曲薄拱坝，所以震动了全世界的坝工界。受打击最大的当然是柯因先生，溃决的不仅是一座拱坝，也是他的信念。但他在失事后赶到现场检查时，仍然认为拱坝本身不会破坏，它是因地基破坏而被推走的。受到这次沉重打击后，68 岁的柯因即于次年 7 月 21 日去世。临终前，他嘱咐："要尽一切努力用严格的科学方法来揭示失事的原因"。他是抱着极其遗憾的心情离开建有许多座他心爱的拱坝的世界的。

现在我们从幸存的当事人的叙述中来看看垮坝的过程。事故的起端开始于 1959 年初，长期未蓄满的水库的水位开始抬高，7 月份已升到 95m 高程，从 9 月 1 日起到 12 月 2 日止，其间有 29 天降雨，11 月中旬水位升到 95.2m，12 月 2 日晨又骤升到 100m。这天下午，有关人员在大坝附近开会，决定在下午 18 时开阀放水，此时水位达 100.12m。开阀放水时并无反常现象。到 19 时 30 分，水位下降了 3cm。管理人员在 20 时 45 分离开大坝。离开前还到坝顶来回观察，也无任何异常现象，平静如常，就放心地回到位于下游峡谷出口处离大坝约 1500m 的家中去了。

可怜的人们，他们哪里知道，这座大坝连同地基从 7 月份开始就在和外荷载进行着剧烈较量了，而且有些招架不住之势（所以在坝底已发生异常的变位，下游护坦板已拱起开裂）。当库水位节节上升时，这一较量发展成殊死的搏斗，而且不断朝恶化方向发展。大坝和地基是靠不断地发生微小变形调整应力，挖掘出最后一点潜力来维持稳定的。运行人员放心地离开坝顶时，它们正达到最后挣扎关头。如果它们能喊叫，一定会发出凄厉的叫声："我不行了，救命呀！"——水坝当然不会喊叫，但它在面临崩溃前夕确实会发出许多信息。如果我们能做个事前诸葛亮，在坝体和地基内某些关键部位上设置一些"声发射仪"，一定会接收到密集和异常的信号。可惜人们未能未卜先知，现在一切为时已晚。

当管理人员离开大坝不到半小时，即 12 月 2 日 21 时 10 分，他回到家中不久，就突然感到大地在剧烈颤动，随即听到一阵连续破裂声和像野兽吼叫似的低沉声音，然后一股强烈的气浪掀开所有门窗，接着一股水浪沿着河谷疾驰而下，淹没两岸、冲走桥基，最后高大的水墙从峡谷倾巢涌出，漫过左岸山脊。此时，他看到一道闪光，电力随之中断。为了逃命，他们马上向高处奔跑。幸亏村子对面有一块小盆地使水流扩散，他们才幸免于难。

从库内奔涌而出的水流，在峡谷中的高度几乎与库水位相平，水面倾斜，左岸高右岸低。冲出峡谷后由于地形开阔，主波高度渐减，以 70km/h 的速度向下游冲去。25min 后抵达下游 12km 处的弗雷久城，使之化为废墟，许多人在睡梦中顷刻丧生。此时水深仍有 3m。马赛—尼瑟铁路被冲毁近 500m。附近公路、供电和供水线路几乎全遭破坏。据不完全统计，死亡 421 人，失踪 100 余人，2000 户居民遭受不同程度损失，物质损失约 300 亿法郎。

溃决后的大坝惨不忍睹。从右坝头算起，OA、AB 两个坝段尚存留着（参见图 2-3-1）。从横缝 C 起直到 K，只在接近坝底处还留着一些残存坝体，其上部分全部折断冲走，断口呈梯阶式。从 K 到 P，则所有坝段连同其下一部分地基岩石也被冲走。左岸推力

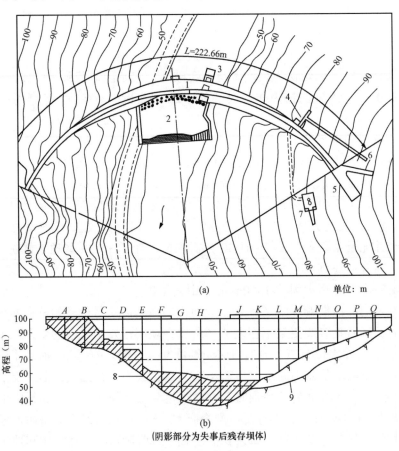

图 2-3-1 玛尔帕塞拱坝

（a）平面；（b）下游立面

1—溢洪道；2—护坦；3—泄水底孔；4—进水口；5—推力墩；6—翼墙；7—浮子控制室；

8—坝基开挖线；9—失事后地面线；$A \sim Q$—横缝编号

墩的前半段（PQ）跌落在 20m 下的岸坡上，只有 Q 以左的另一半还残留原地。破碎的坝体被水冲到下游和一些岩块混集堆存着，最远被冲到 1500m 处。左岸坝座处原来凸出的地形已不存在，变成一条小水沟。

那么大坝究竟为什么崩溃的呢？在失事后，法国官方曾成立了"调查委员会"、"专家委员会"和"反证专家委员会"，进行了现场调查、补充勘探、室内外试验和对原设计的复查。遗憾的是各次调查的结论并不一致，有些含糊，我们不妨简单介绍一下主要内容。

图 2-3-2　玛尔帕塞遗址

法国农业部调查委员会在 1960 年提出最终调查报告。认为：大坝的布置是对的，计算是正确的；施工质量是良好的；事故与坝基内未设帷幕灌浆也无关。因此，失事的原因必定是在坝下的地基内。最可能的破坏机理是：左岸上部上游断层附近的地基软弱，比其他地方更容易变形，拱坝传给地基的推力就重分布给这个地区的上下部位，使推力墩超载滑动，导致失事。

瓦尔省法院聘请的专家委员会，对失事原因做出了三种假设。第一种假设也认为推力墩的滑动是事故的起因。第二种假设认为左岸坝座局部基岩变形性大是事故的起因。第三种假设认为坝基扬压力可能是失事的初始原因。专家委员会没有对失事原因做出统一的解释。

1962 年 5 月，法院应诉讼的要求再次成立一个层次更高的"反证专家委员会"。这个委员会明确主张基岩内的扬压力是失事的根本原因。即水库蓄水后，基岩沿上游坝踵开裂，在裂隙内发育扬压力，并不断发展，将 K 以左的局部岩块推向下游，迅速导致破坏。反证专家委员会认为法国现行的建筑法规对地基勘探试验要求提的不足，今后需补充，并认为未发现对现行法规有背离之处。这就为设计开脱了责任。

面对这些调查结论，法院很难判决设计或施工有罪。于是对负责运行的达尔高工程师提出诉讼，指控他对大坝和地基的检查监控失职，要承担责任。这种指控当然引起种种非议。法庭最后于 1964 年 11 月又宣布达尔高无罪。看来达尔高先生也只是当局为泄民愤而拉出来的一头替罪羊。审理历时 5 年后，人们情绪淡化，法院也就以"不能将如此重大事故的责任归罪于达尔高"为由，将他释放结案。

法院的审判风波虽告平息,但技术界对玛尔帕塞坝失事的真实原因仍然不断探索,这里包括负责设计的柯因—贝利埃公司。法国大坝委员会和许多著名坝工、岩石力学及地质专家,提出了一系列的报告和论文。参考文献[4]有详细的讨论和评述,本书是本科普读物,不能详引。由于各家观点仍不尽相同,而目前的"仿真分析"还不能精确地重演玛尔帕塞坝的失事过程,所以现在仍得不出明确结论。但正如文献[4]所说,有些情况和意见还是得到公认的:

(1)该坝址地质条件不利,尤其左岸坝基岩体质量很差,断裂发育,有夹泥,变形性大,抗剪强度低,这是祸害根源。

(2)大坝破坏过程可分两个阶段。第一阶段从1958年7月到失事前夕,坝体和地基中的应力(包括扬压力)、变形在不断地变化、调整,并向不利方向发展,但未为人察觉,直到进入第二阶段,从量变到质变,几秒钟内大坝就溃决了。

(3)坝体在溃决前,总的变位模式在平面上好像绕右坝端作转动,愈向左,变位愈大。在溃决时,先从 JK 坝段和 KL、LM 的下部推出,形成缺口,然后大部分坝体折断倒下被冲走。

于是分歧点集中于:是左岸坝段连同其下的大型岩块沿断层面滑出呢,还是坝体沿紧贴建基面(即混凝土与基岩的接触面)的浅层裂隙滑动?以柯因公司、法国大坝委员会为代表的专家们坚持第一种观点,由此并推出地基内扬压力的不断积累发展是推动失事的主因。另一些专家则认为后者更属可能,包括文献[4]的作者汝乃华先生。他认为玛尔帕塞坝的失事是典型的拱坝在水推力作用下沿建基面上滑失稳事故,并非坝底的岩块失稳,也与扬压力无关。这个看法未被法国坝工界接受,在国内也引起争议(按照这一理论,我国已建的不少拱坝的安全度都嫌不足),看来还有待更深入的探究,玛尔帕塞公案还不能盖棺论定,四五百个冤魂在九泉之下仍难瞑目。但是,玛尔帕塞冲击产生了极大的反响,对坝工界带来重大正面效应:对坝址的地质勘探工作和对地基中的缺陷处理得到极大的重视和加强,对拱坝连同地基的各种失稳可能性,都做了更深入的研究试验并发展了岩石力学理论与多种处理措施,对拱坝—地基—水压力—扬压力—地震的更精确的耦合分析技术有显著进展,拱坝的自动监测、报警和运行维护要求得到极大重视和发展,国家对大坝的设计、建造和运行的监控力度也空前加强。凡此,都极大地提高了拱坝的安全性。在玛尔帕塞垮坝以后,再也未出现类似事故,尽管拱坝的高度已达到 272m 的纪录。考虑到这些情况,玛尔帕塞水坝下的冤魂似乎可以瞑目安息了。

第三节 一座 262m 高的纪念碑——瓦依昂

世界上有这么一座为了吸取工程失败报废的教训而"建立的"262m 高(约相当于 80 层楼)的碑,那就是意大利的瓦依昂水坝。

意大利是西欧的一个发达国家,她的地域狭长,河流短小,但北部毗连阿尔卑斯山,落差较大。意大利人民在充分利用水力资源方面做出不少努力,取得卓越的成就,包括修建了一系列的高坝长洞。意大利和法国、瑞士、挪威等国相似,几乎不惜工本地将天然降水点滴不漏地利用起来，这是很值得我们钦佩和学习的。

意大利工程师在建坝技术——特别是修建薄拱坝方面建树更多。他们修建了大量拱坝，而且具有特色：在拱坝坝体和基础垫座间建造一条周边缝，通过基础垫座与地基接触，借以松弛因几何尺寸及材料特性突然变化而在建基面部位产生的巨大应力集中，特别是释放拉应力。意大利孕育了许多著名的坝工专家，在国际坝工界有相当的地位。有一位专家在60年代初参观过由作者主持设计的我国第一座双曲拱坝——流溪河拱坝时，对拱坝体型及拱顶泄洪的构思颇加赞许，只留下一句批评："可惜坝太厚了。"

他们确实修建了许多美丽轻巧的拱坝，都有特色，但在建设瓦依昂高拱坝时，摔了一个大跟头，发生了世界坝工史上少有的瓦依昂悲剧。

瓦依昂拱坝位于意大利北部阿尔卑斯山区派夫（Piave）河的支流瓦依昂河上。瓦依昂河是一条非常短小狭窄的山区小河，也许称之为溪更合适些。意大利工程师在这条小河上建起了一座世界第二高的薄拱坝，即高达262m的瓦依昂拱坝，建坝目的完全是为调蓄有限的一点水量供电力系统利用。

坝址属中侏罗纪厚层石灰岩，河床极窄，切割极深。这座高坝坝顶高程为725.5m，最大坝体厚仅19.7m（基础垫座的最大厚度也仅22.6m），是一座极薄的双曲拱坝，参见图2-3-3、图2-3-4。

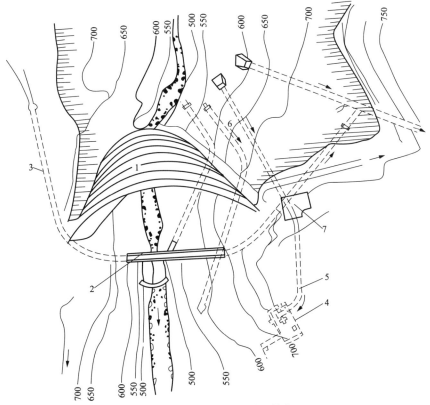

图 2-3-3　瓦依昂拱坝平面图（单位：m）

1—坝；2—坝后桥；3—交通洞；4—地下厂房；5—引水隧洞；6—中部泄水洞；

7—室外开关站；8—底部泄水洞

瓦依昂坝坝顶弧长 190.5m，这么高的一座坝，石方开挖量仅 38.5 万 m³，混凝土量仅 36 万 m³，这和我国一些大坝体积动辄达数百万立方米相较，真是微不足道。当然中国的河宽水丰，国情不同，但笔者估计，这座水坝要让中国工程师来设计，没有一百万立方米以上的混凝土是拿不下来的，"泱泱大国"之风的后面，隐藏着保守与落后的因素，恐难置辩。面对"锱铢必较"的意大利人，我们还应感到有些惭愧。

现在回头说瓦依昂坝。由于河窄坝高，水压力主要由拱的作用承担。坝的分缝也别具特色，按意大利的惯用手法，沿两岸地基做了混凝土垫座，坝身和垫座间，有一道连续的"周边缝"，将两者断开。在坝身按常规每隔 12m 设置一道竖向的横缝，分成若干坝段浇筑。在水平方向，设了 4 道水平缝，自上而下，上面两道水平缝将坝身分为上下三段，第 3 道水平缝将坝身与底部垫座分开，第 4 道设在垫座内，横缝和水平缝属施工缝性质，都及时灌浆封堵，周边缝在临近蓄水时灌浆。

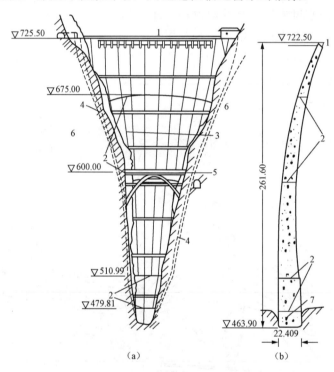

图 2-3-4　瓦依昂拱坝剖面图（高程：m）

（a）下游立视；（b）坝拱冠断面

1—坝顶溢洪道；2—水平缝；3—径向横缝；4—周边缝；5—坝后桥；6—白云质石灰岩；7—灌浆廊道

坝体的应力分析先按独立的水平拱计算，随后又按拱梁分载原理（试载法）计算。最后由著名的意大利 ISMES[注]试验所进行 1:35 的大型模型试验研究确定坝的体型（设计要求最大压应力不超过 7.0MPa，最大拉应力不超过 0.8～1.0MPa，混凝土施工质量很高，90 天龄期强度在 35MPa 以上）。

❶　意大利语缩写，英译名为 Models and Structures Experimental Institute。

大坝由意大利著名的坝工专家西门札设计，巴西尼负责施工。1956 年 10 月开始坝基开挖，1958 年 6 月结束并开始浇筑混凝土，1959 年完成。同年 12 月，法国玛尔帕塞坝失事，这大大震惊了意大利人，考虑到瓦依昂坝的两岸坝座上部岩体内裂隙发育，决定加用预应力锚索加固。对软弱的岩体并进行固结灌浆加固，大坝于 1960 年完工，1960 年 3 月初开始蓄水，总库容 1.69 亿 m^3。

出于专家和工程师的预料之外，瓦依昂坝薄如蛋壳的坝身和两岸较破碎的岩体，并没有带来不利后果，倒是在事故中发挥了难以想象的拱坝抗拒巨大超载的潜力，问题出在上游水库区内。具体讲，1963 年 10 月 9 日，上游水库区左岸发生了一次大规模的山坡滑动事故，滑动范围长 1.8km，宽 1.6km，体积达 2.7 亿 m^3。这块巨大的失稳山体，居高临下，在 30～45s 的瞬间以骇人的速度冲入水库内，整个水库几乎瞬间全部被滑下的碎料填没。滑坡体的高速滑动，激起高浪，超过坝顶，横扫下游河谷内一切建筑物——真可谓"横扫千军如卷席"。大坝和电站顷刻报废（尽管大坝奇迹般的岿然不动），人员死亡近 2000 人。滑坡还引起强烈的震动，远在维也纳及布鲁塞尔的地震仪都能记录到。这次事故成为有史以来世界上最大一次水库滑坡失事灾难。

下面再做些具体介绍。

其实，在水库蓄水前，左岸山头已经出现失稳的迹象。水库是 1960 年 3 月初开始蓄水的，而在一年前的 1959 年 4 月，已发现左岸有滑坡征兆，所以决定将水库分三期蓄高，并在左岸布设了观测位移的网点。

1960 年 3 月，库水位从 580m 升至 595m，并保持这个水位到 6 月底，通过观察，认为岸坡位移不大，分布范围也小，于是水位继续升高。10 月初，水位达 635m 时，岸坡位移突然增加，同时左岸山坡上出现了一条似"M"状的大裂隙，上缘延升到 1200m和 1400m 高程，长达 2km 多，包围的面积有 2km^2（图 2-3-5）。它实际上已勾划出 1963年大滑坡的大致范围，可惜未被充分重视。

1960 年 11 月 4 日库水位上升到 640m 时，上游左岸发生第一次滑坡，体积约 70万 m^3，在 10min 内滑入水库中。为了预防不测，决定将库水位限制在 600m 以下，并扩大位移观测区范围。这个水位维持了一年光景，1961 年 10 月起，不甘心的人们第二次蓄高水位，从 600m 蓄到 700m（1962 年底）。这期间，位移速度从初期的 1cm/d增加到 1.2cm/d，地震仪还测到了地颤动。

1962 年底到 1963 年 4 月，库水位回落，然后在 6 月底又回升到 700m。7 月开始第三次蓄高水位，从 700m 缓慢地升到 710m（1963 年 9 月）。而从 9 月 15 日开始，位移速度显著增加，从 1.2cm/d 增至 4cm/d。10 月 7 日最后一次观测时，岸坡总的位移量已达 392cm，其中最后 12 天的位移量就占 58cm，西部与东部岩体均匀一致地移动。

更雪上加霜的是，1963 年 9 月 28 日到 10 月 9 日连降大雨 2 周，库水位升到最高值 710m，低于坝顶 12.5m。当时认为库水位升高后会遏止岩体滑动。事实恰恰相反，岸坡位移不断增大，10 月初，山上各种野兽逃集于山的西坡，放牧的牲畜不肯停留，预示险情即将来临——也说明没有学过工程地质和力学的动物的判断力比地质师和工程师强得多。

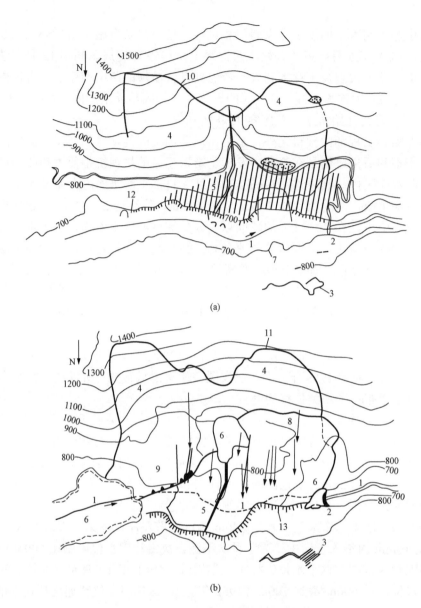

(a)

(b)

图 2-3-5　瓦依昂水库边坡滑坡图（单位：m）

（a）滑坡前；（b）滑坡后

1—瓦依昂河；2—大坝；3—凯索村；4—托克山坡；5—冲沟；6—残存水库；7—1960 年滑坡区；

8—大滑坡南缘；9—上冲线；10—"M"形裂缝；11—1963 年边界裂隙；

12—滑坡前陡壁；13—滑坡后陡壁（箭头为滑动方向）

这时，岸坡下滑速度已达 20cm/d，管理工程师终于意识到岸坡在整体下滑，决定打开左岸两个放水洞以 140m³/s 的流量泄放库水，希望迅速降低库水位。上游凯索（Casso）村的居民开始撤离。但因大雨，水位放不下去，10 月 9 日成立了一个 5 人应急小组通宵商讨研究情况，但已回天乏术。当晚 22 时 41 分 40 秒，左岸山坡突然整体高速下滑，总体积约 2.7 亿 m³，滑速达 25m/s（90km/h），主要滑落时间持续了 20 秒。

滑落体的前沿没有下落到谷底，而在其上 50～100m 处凌空飞过了 80m 宽的河谷冲向左岸，并推进 400m，在对岸爬坡高 140m。滑落体迅速将 1800m 长的水库完全填塞，还高出水面 150m，离坝最近处仅 50m。

失事的后果是可怕的。滑落体高速坠入水库时，激起大浪，漫过全坝顶，冲向下游。在右坝头漫坝水深超过坝顶 260m，在左坝头高出坝顶 100m，扫平坝顶所有建筑物：坝顶桥、办公楼、观光台和位于坝顶 60m 以上的临时房屋，剥掉地面植被及几十厘米厚的风化表层；涌浪到达之前还有巨大的空气冲压波，涌浪过后又随之出现负压波，破坏了坝内所有观测设施并使左岸地下厂房遭受严重破坏，厂房内的行车钢梁被扭曲剪断，廊道内销住的安全钢门被推出 12m 远。位于库区右岸高出水库 259m 的凯索村遭到水淹，住房卷走。据一位幸存居民陈述：约在当晚雨夜 10 时 15 分，他被一阵隆隆的响声惊醒。随即一阵强风震撼房屋，冲开门窗掀起屋顶，水和石块飞入住房二楼。他从床上跳起刚下楼，屋顶已经塌落。此后强风突然消失，四周又归寂静。

当时，水库中有 1.2 亿 m^3 的水。被滑落体挤出来的水翻越坝顶注入深 200m 以上的下游河谷，10 时 45 分，涌浪前峰到达下游距坝 1400m 的瓦依昂河出口处，立波高达 70m，涌入派夫河，使河口对岸郎格罗尼（Longarone）镇和附近的 5 个村庄大部分被冲毁。一位幸存者反映：他在 10 时 45 分见到一道水墙从河谷上游排山倒海而来，同时一阵强风吹破窗子，房屋像在地震中一样摇动。蓄存在水库中供电站一年用的巨大能量在几分钟内消耗殆尽。4600 居民中有 1925 人死亡。涌浪还向水库上游涌进到拉瓦佐（Lavazzo）镇，波高仍有 5m。10 时 55 分洪水过去，河谷内又恢复平静。当时在左岸管理大楼内有 20 名技术人员、右岸办公室和旅馆内另有 40 人，无一幸存。

滑坡过程中库水作用在拱坝上的动力荷载约 4000 万 kN（大约 400 万 t），相当于设计荷载的 8 倍（据杰格尔的估计），坝体仍屹立不动，仅左岸坝顶有一段长 9m、深 1.5m 的混凝土略有损坏，以后这一事实被许多专家引述，作为拱坝具有巨大超载潜力的证据。确实，瓦依昂水库的事故，在使地质专家大受震惊的同时，有些拱坝专家恐怕心中还暗暗有些沾沾自喜呢。

9 位工程师受意大利公共工程部委托研究大坝和水库的善后处理。由于堆在库内石渣体积之大难以清除，最后的决策是将水库和大坝报废。这座当时在全世界受人瞩目的最高拱坝服役 3 年半，即沦为供人凭吊的遗迹（图 2-3-6），坝的设计者西门札也不会想到，他最后完成的力作，在死后不到 2 年竟得到如此悲剧性的结局。然而他的创造性劳动成果——瓦依昂拱坝的优美体型、独特的分缝方式和出人意料的超载潜力，以及最后成为一座 262m 高的纪念碑的奇迹，是会长留人间的。

瓦依昂事故的原因比玛尔帕塞要简单。客观因素就是该处山坡是个古滑坡，这块巨大的岩体，存在两组"卸荷节理"，岩石层面倾向河床，还有构造断层、黏土夹层与古滑面存在，相互组合，形成一个大范围的欠稳定的岩体。水库蓄水以后，以及降雨期间，地下水位升高，扬压力增大，一些软弱岩层面上的抗滑阻力逐步减小，古滑坡体在失去平衡后就不断移动，力图恢复平衡。所以蓄水后山坡一直在作缓慢的位移，实际上也是古滑坡复活的过程。一直维持到最后，岩层的抗滑潜力已全面挖尽，不足抵抗不断增加的下滑力，缓慢的蠕动立即转变为瞬时的高速滑动，酿成惨剧。

图 2-3-6　瓦依昂遗址（背景为荒废的水库）

　　在人为因素方面，则是地质查勘不充分和判断失误。在查勘初期，负责此项工作的地质师并未发现滑坡问题。1959 年有两位地质师发现并认定该处为古滑坡区，却又引起不同意见的争论。到 1960 年底，山坡出现"M"状大裂隙，物探也发现了古滑坡面，滑坡已得到证实，但一些人仍认为蓄水后滑坡的规模不会大，下滑的滑速不会高，某大学做了滑坡试验，提出了最大涌浪为 22.5m，水库蓄到 700m 高是安全的错误结论，起了误导作用，遂致当事者做了错误决策，酿成巨祸。

　　瓦依昂水库事故震动了世界坝工界，水库边坡稳定及滑坡涌浪危害引起了高度重视。经过数十年实践，得出了一些经验。文献［4］将它归纳为以下 5 条：

　　（1）必须重视了解河谷岸坡的地质发展历史，从地质、地形条件查明岸坡的稳定性；

　　（2）地下水的作用和地震活动是影响岸坡稳定的重要触发因素；

　　（3）滑坡发展过程中，应力会不断恶化，强度会逐渐降低，并可能从量变走向质变，从蠕动变位高速下滑；

　　（4）对于水库岸坡失稳这类重大问题，不能只依靠个别专家、权威的意见和盲目信赖计算或试验成果；

　　（5）加强观测和预报是弥补人的认识不足和判断不准确的重要手段。

　　在介绍了瓦依昂水库滑坡事故后，作者愿意对中国水利水电工程的滑坡问题说几句话。如果读者们认为在大坝工地或水库区内发生滑坡，是一种罕遇事件，那就错了。不论在国外还是国内，水利工程（铁道、公路……工程也一样）工地上存在或发生滑坡问题是常见的事，只是规模或危害大小有所不同而已。例如，我国第一座大型水电工程新安江工程正处于热火朝天的施工中时，左岸山头失稳，十多万立方米滑坡体下落盖没了基坑，给工程的安全、进度和造价带来重大影响。后来付出了极大代价，削去左岸数十万立方米山坡，并采取许多措施才稳定了边坡。在此以前的黄坛口水电站西山滑坡，更迫使该工程停工数年，完全修改了原设计才得建成。其他如湖南的柘溪、云南的漫滩、贵州的乌江渡、天生桥、青海的李家峡、浙江的天荒坪等大型工程，无不发现重大滑坡问题或事故，增加了工程难度，威胁工程安全，推迟工程进度，或被迫改变设计，许多工程中还造成人员伤亡。所以，与其说工程上出现滑坡问题是罕见的事，不如说工程上不出现滑坡问题是罕见的事更符合实际。

特别值得谈谈在建设黄河上游第一坝——号称"龙头水库"的龙羊峡工程中遇到的情况。龙羊峡大坝位于青海省共和县境内，拱坝高 178m，是当时国内第一高坝，库容 247 亿 m³，足以装下该处黄河全年水量，也是当时最大的水库。龙羊峡工程的效益十分显著，可是在前期工作中发现了一个重大难题，就是在坝址上游不远处曾经发生过一次空前的大滑坡——查纳滑坡。查纳滑坡与瓦依昂滑坡有许多相似之处。一是滑坡体积巨大，达数亿立方米，二是滑落速度极快，造成过严重灾害。据调查证实，1942 年春节那天，左岸的黄土高边坡突然失稳，数亿立方米的滑坡体，瞬时间以极高速度冲向黄河——黄河因而堵塞断流——并越过黄河冲上对岸数百米高处，坡脚下的查纳村也瞬间被"搬"到对岸山头上而告毁灭。据幸存者讲，这一天天气酷寒，又是枯水期，谁也不曾想到会发生这种祸事，人们都在屋内烤火取暖，突然一声巨响，顿时烟雾弥漫，天昏地暗，还未弄清情况就遭难或昏迷，待醒过来时，已在对岸山头上了。设计龙羊峡工程时，灾难已过去 30 多年，黄河又重新切出它的河道，但古滑坡遗迹斑斑可考。这个滑坡是否会复活，以及附件还有大量不稳定岸坡，水库蓄水后会出现什么后果，成为建设龙羊峡工程的头号拦路虎。后来通过长期深入的查勘、分析、试验、研究并采取了一系列措施，才建起了龙羊峡水库，保证了安全运行——要知道，如果在龙羊峡出现类似瓦依昂那样的事故，其灾难性后果简直是不堪想象，因为龙羊峡的库容达 247 亿 m³，而下游正是青海省的全部精华之所在。总而言之，中国在建设水利水电工程中因遇到重大滑坡事故而付出的代价是巨大的，中国工程师也不是在一开始就认识这一点的，是在吃到苦头后，才加强对滑坡问题的研究，开展大量的勘探、试验和研究分析工作，提出了各种解决问题的措施。通过大量的实践，中国在这一领域已取得重大进展，包括：滑坡的调查和数据整集、滑坡机理的探索和分析理论的研究、材料本构定理的研究和参数的测试、数学模型的建立和应用、物理模型的试验研究、现场的自动监测和预报，以及各种工程措施的发展等，很多领域都达到国际先进水平。

有的读者可能怀疑，滑坡问题为什么如此广泛甚至无处不在呢？俗话说，水往下流人向上走，世上万物受重力作用都有向下移动的趋势，力求使自身的重心降到最低，只是受到两个条件的制约不能自由下滑罢了。第一个条件是没有让它下滑的空间，即不存在"临空面"，这是几何上的制约。第二个条件是推动下滑的力不足以克服滑裂面上所能提供的最大抗滑潜力，这是力学上的制约，只要这两个制约条件不成立，物体就必然要向下滑动。对于河流岸坡来说，这两个条件就最容易被破坏。

河道是水流在千万年间不断下切地层而形成的，而且一般来讲河流总是沿着地层较软弱的部位切割的，河谷形成后，两岸岸坡裸露，正好给下滑的岩体提供了临空面。其次，临空面出现后，岸坡上原来存在的侧向压力被解除，岸坡自然要向河谷方向变位，释放原有的应力（这一作用称为"卸荷作用"），容易在岸坡内形成裂缝，或把原来压紧的断层、节理、裂隙拉开，雨水便不断沿这些张开的裂隙下渗，提高地下水位。地下水通过裂隙网向河道排泄时，又会减弱面上的阻力和带进泥土，形成软弱的层面。裸露的岸坡容易风化，坚硬的基岩会逐渐变成破碎软弱的山体。所有这些作用，都有助于岸坡的失稳，达到量变向质变转变的临界点时，山体便会滑落。所以河道两岸往往存在许多老滑坡，只是在长期的变化中，已面目全非，但有经验的地质师还是容易查明的。还有一部分岸坡，虽然未滑动过，但也接近"临界"条件，这些老滑坡和稳定性不高的岸坡，受到一些扰动，便会"复活"或失稳。工程开工后的开路、炸山、削坡、挖基坑、水库蓄水、遇到暴雨或地震，都是触发山体失稳的引发剂，岸坡愈陡愈高，地质条件愈不利，人类活动的影响愈大，山坡失稳的可能性也就愈大。所以当我们沿河上溯，在欣赏两岸秀丽奇异风光的同时，也要认识到处处有险情和隐患，详细地进行查勘和分析，才能避免发生瓦依昂一样的悲剧。

第四节　三门峡工程的故事

有人说，每一座建成或毁弃的水坝，都是一座纪念碑，只是有的碑上记载着人类征服和改造自然的丰功伟绩，有的却留下大自然报复人类的痕迹，像第三节中所记的瓦依昂坝，就是一座 262m 高的失败纪念碑。

按照这个说法，在 60 年代初修建于中国黄河上的三门峡大坝是座什么性质的纪念碑呢？这个问题比瓦依昂或玛尔帕塞要复杂得多，而三门峡工程的影响当然也绝非瓦依昂这种工程可比。40 年来，也没有哪个权威单位或人士对它做出过全面客观的评价。我们也许只能含糊地说：在这座纪念碑上，刻下了中国人民要治理黄河的迫切愿望和坚定信心，刻下了为探索治黄所走过的曲折道路，刻下了打响治黄第一仗后遇到的巨大挫折，刻下了为挽回败局所进行的艰苦斗争，也刻下了留给人民的宝贵经验和光明前景。简要地说，按照最初的规划要求来衡量，三门峡工程无疑是失败的，而经过反复探索多次改造后，仍发挥了一定效益，更重要的是它留给我们极其可贵的经验。

现在让我们重温一下兴建三门峡工程的过程吧。

兴建三门峡工程的主要目的是防治黄河中下游的洪水灾害，它是根治黄河的系统建设中的第一座工程。"根治黄河"，光是这四个字就足以动天地泣鬼神。正如第一章中已讲过的：黄河是长达 5464km 的中国第二大河，黄河流域是孕育华夏文明的圣地。黄河穿越并切割着千里黄土高原，每年要挟带天文数字的泥沙下泄，千百年来黄河在中下游并无固定河床，大变大迁，依靠人为筑堤挡水而逐渐形成今天这条远远高出地面的"悬河"，所以黄河既是中华民族的母亲河，又成为可怕的"中国的忧患"。数千年来黄河带来多少次毁灭性的灾难呀。哪一个封建王朝不设治河官吏，不叩天祀祖，想治理黄河？又哪里能够根治？年轻的共和国所接下的烂摊子中，最严重的问题无过于黄灾了。中国人民开始以史无前例和世无前例的气魄，向黄龙开刀。不过，也许理解到黄河的特殊复杂性，连欲与天公试比高的毛泽东，在 1952 年视察黄河后也可能写下"一定要把黄河的事情办好"的嘱咐，可没敢提一定要根治黄河的豪言。猜想他的心中，可能半是不服，半是无奈。

其实，早在20世纪20年代，李仪祉第一批老一辈水利专家（包括一些外国人）已经按现代科学理论探索治黄之道。他们考察黄河、查勘可能的坝址，提出各种设想。而且在他们的研究中，都注意到如果建库调洪必会引起水库迅速淤积，要采取措施解决。在兵燹不断国力凋敝的旧社会，他们的努力当然是徒劳的。

新中国成立后，治黄问题才被真正放上政府的议事日程。从1949年到1953年，水利部黄河水利委员会和燃料部水电总局先后组队对黄河及支流进行查勘和整编资料。出于对苏联在政治和技术上的崇敬，1952年两部都向中央提出聘请苏联专家组来我国帮助制订黄河规划。经两国政府协定，决定将黄河综合规划列为苏联援助我国经济建设的重大项目之一。1954年1月，苏联政府派出的专家组到京，120多位中苏专家组成的庞大查勘团用了4个月时间从兰州查勘到入海口。同时，国家成立了黄河规划委员会，在苏联专家指导下，按苏联模式编制《黄河综合利用规划技术经济报告》（下面简称《技经报告》），于同年10月完成。按照这个规划，黄河干流上将建46座拦河坝，在支流上建24座水库。黄河的洪灾将完全避免，泥沙被拦截，河床将刷深而且固定，河水从此变清，46座梯级还可以装机2300万kW，年发电1100亿kW·h，引黄灌溉面积扩大到1.16亿亩，轮船可从海口通至兰州。规划实现之日，也就是黄河从中国的忧患变成中国的骄傲之时。

多么美好诱人的前景啊！如果黄河是条清水河或至少是条少沙河流，这个规划确是可以实现的，不幸的是，无论是中国人还是苏联人，无论是专家还是领导，对于黄河所挟带的举世无双的泥沙妖魔这一特点是认识不足的。规划中根据少量"试点"成果，认为依靠大水库和支流上的拦泥库，以及实行水土保持措施，用上50年时间就能解决泥沙淤积和水库寿命问题。因此，这个以蓄水拦沙为指导思想的规划是注定要失败的，而失败的阴影首先笼罩在被选为第一期工程的三门峡枢纽上。

三门峡位于作为豫晋两省界河的黄河中游，南岸是河南陕县，北岸是山西平陆县，河槽是从坚硬的玢岩中下切而成（传说这还是大禹的鬼斧神工）。河道中有两个小岛，蒋河道分为人门、神门、鬼门三道急流，还有闻名于世的中流砥柱石。千载以来，这里是行船险滩，洪水期中多少次舟毁人亡。三门峡控制着黄河流域92%的面积，在此修水库，确实足以吞下来自上游的特大洪水，即使暴雨降在下游（三门峡至花园口区间内），她也可以起错峰作用，解决洪灾威胁。加上有利的地质地形条件，难怪被苏联专家一眼看中，选为治黄的第一期工程。并初选水库正常蓄水位350m（相应总库容360亿m³，移民达60万人），最大下泄流量为8000m³/s。在总库容中，预留了147亿m³作为"堆沙库容"，另外就依靠支流拦泥库和寄希望于水土保持了。

让我们再从地图上看看三门峡和其水库的位置（图2-3-7）。从坝址溯黄河而上，西行114km，就到陕晋豫三省交会的战略要地潼关，黄河在潼关以上是由北向南流（称为北干流，是晋陕界河），到潼关后转为90°大弯折向东流，穿过三门峡后进入河南大平原。发源于关中平原的黄河大支流（也是泥沙的主要来源之一）渭河以及北洛河都在潼关附近汇入黄河。从潼关向上直至龙门，河谷非常开阔，渭河、北洛河入黄河处的河床也宽达10余公里，而在潼关处河床突然缩到1km，形成货真价实的"咽喉"。

如果潼关处河床淤积，水位升高，将对上游特别是渭河、北洛河流域带来巨大影响。

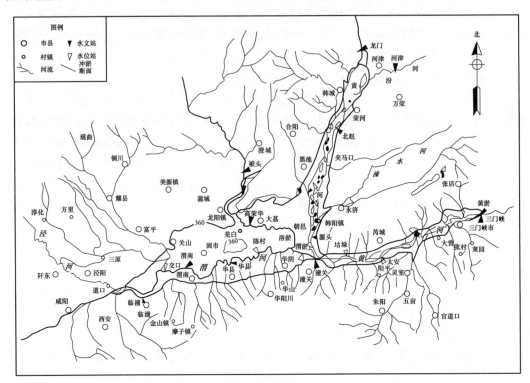

图 2-3-7　三门峡水库库区示意图

这个"技经报告"经中国政府各级审查同意，1955 年 7 月在一届人大二次会议上表决通过。中方并委托苏联电站部水电设计院列宁格勒分院进行三门峡工程的设计，中方提出设计任务书、配合工作、提供资料。应该说苏方对这项国际任务是重视的，做了大量分析、设计、比较和研究试验工作，特别进行了淤积试验和冲淤计算。他们乐观地认为利用"异重流"可以排出入库泥沙的 40%。

1956 年苏方提交了初步设计要点，主张为保持水库寿命 50 年以上，正常蓄水位要再提高到 360m，最大下泄量则减到 6000m³/s。淹没损失和移民量比"技经报告"更增加许多，引起中方的注意。1956 年 5 月，清华大学黄万里教授就提出不同意见。最有意思的是，一位刚出校门的青年技术员温善章在 1956 年 12 月和 1957 年 3 月两次向水利部以至国务院提出他的研究意见，反对高水位蓄洪拦沙，主张低水位滞洪排沙。具体讲，他认为三门峡正常蓄水位不应高于 335m，死水位要低到 300～305m，汛期不蓄水，只滞洪排沙，枯水期再蓄水供灌溉航运之需，这样移民只 10 万～15 万人，投资也大大降低。

两种对立意见引起多次争辩讨论。但反对派毕竟人少言轻，三门峡工程的初设还是在 1957 年 2 月审查通过，1957 年 4 月破土开工。当周总理了解到在审查中出现不同意见后，十分重视，指示水利部要组织专家认真研究。这样，1957 年 6 月水利部又召开技术讨论会，可以预料的是，会上绝大多数专家支持苏方设计，认为修建高坝大库是迫切需要的，对于滞洪排沙方案，认为不能满足消除下游水害要求，也不能充分发挥水库综合利用要求（主要指发电），不宜采用。但建议在原方案中增设较低的泄水底孔，加大泄量，并建议初期运行时试行汛期不蓄水的做法，反对意见以失败告终。

温善章们的败北是难怪的。当时的气候是从政治到技术向苏联一面倒。在双方地位上，一方是德高望重的大专家，提出的设计书和资料厚达半米，另一方是刚出校门的小技术员，提出的意见书是那么单薄数页，加上当时人们对根治黄河和综合利用水力资源的愿望是如此强烈，所以"胜负之数，无待蓍龟"。以后黄万里先生等被划成右派，就更不好说话了。

这样，1957年11月水利部向国务院报告，强调黄河下游洪水威胁，修建三门峡水库刻不容缓，建议大坝蓄水位按360m设计，350m施工。为减少移民困难，可逐步抬高运行水位。这一方案震动了陕西省，他们强烈要求蓄水位改按350m设计，340m修建。对省政府的意见不能像对技术员那样来解决。1958年4月周总理再次亲临已经热火朝天的工地，开现场会议，并做出了当时条件下最好的总结：三门峡水库以防洪为主，综合利用为辅，要上下游兼顾，确保西安、确保下游，并指示在国内再做研究和实验。这样，经过反复比较论证，最后决定三门峡枢纽"按360m蓄水位设计，第一期按350m施工，初期运行水位则不高于340m，死水位和泄水孔都降低，初期拦洪水位不超过333m。"这多少有些和稀泥的味道，但已向"温式方案"靠近了一步。

但后来的实践证明，和稀泥方案也不可行。尽管温善章才出校门不久，对黄河的研究不可能全面和深入，在他意见书中也可找出不少漏洞，但是他对黄河泥沙问题的严重性以及对三门峡水库应采取的运行方式恰恰是击中了要害！有的时候，真理还真在少数"下等人"手里。

在1958～1960年的大跃进期间，三门峡工程轰轰烈烈地施工了。苏方也派了专家来当"设计代表"。代表们西装革履，戴上白手套下工地验收基坑——这在当时传为美谈。确实，靠了洋人的牌头，三门峡工程的质量是好的，事故是少的，很使其他工程的中国设计人员羡慕不已。全国人民为这座伟大工程的兴建欢欣鼓舞，我在自己的一本著作中写下："黄河水清已经是很快必然出现的事实了。"1960年9月三门峡工程建成蓄水，投入运用。

谁都没有想到，大自然的报复竟是如此的无情和迅速！运行后仅一年多，水库内就猛淤15.3亿t泥沙，94%来沙都淤在库内，潼关河床高程一下子抬高了4.31m，渭河口形成拦门沙。回水和渭河洪水叠加，沿河两岸淹地25万亩，5000人被水围困。如果按350m水位运行，则西安、咸阳和广阔的关中平原均将难保。1962年4月，在人大会议上，受威胁最急的陕西省代表提出要降低三门峡水库水位的议案，有的人甚至向毛泽东上书告御状。为此，水利部在1962年8月和1963年7月两次开会讨论研究，但对是否要增建泄流排沙设施以及增建的规模仍难一致，只好继续做规划、研究和试验工作。

事情又拖了一年多，黄河却毫不容情，库内淤沙已达50亿t，直逼西安。1964年12月，国务院召开治黄会议。这次会议的民主气氛堪称空前，各种意见倾囊而出。有的主张仍按原规划节节蓄水、分段拦泥，不必改建三门峡枢纽，有的认为黄土下泻人力难挽，他大吼道：黄河本无事，庸人自扰之，主张炸掉大坝、恢复原貌。斯语一出，满座皆惊。有的主张上拦下排，还有主张沿程放淤吃掉水沙……。只有当时的周恩来总理安详不动，耐心细听。当时正值苏联赫鲁晓夫下台和中国原子弹上天的风云大变幻时期，周恩来总理日理万机紧张不堪，但还是主持了会议，并使大家的认识统一到三门峡工程必须改建、增加泄流排沙能力、降低蓄水位、减少淤积、恢复潼关河段天然特性的认识上来。决定在左岸新打两条隧洞和利用 4 根钢管（原供发电用）排沙。这又向"温氏方案"更靠近一步。

但是周恩来的伟大之处，不仅在综合各方意见指出了正确方向，而且是在总结会和其他场合下说的下面那些话：

"底孔排沙，过去有人曾经提出过，他是个刚从学校毕业不久的学生……，当时会议上把他批评得很厉害。要登报声明，他对了，我们错了，给他恢复名誉。"

"当时决定三门峡工程就急了点。头脑热的时候，总容易看到一面，忽略或不太重视另一面，不能辩证地看问题。"

……

讲得多好啊，这才是一个无私无畏的共产党人应该讲的话。可惜愿意和敢于这么讲的人太少了，而中国就一次又一次地重复犯着已犯过的错误。

改建工程在 1965 年开工，1966 年汛期开始启用。这"两洞四管"在洪水期开启后，由于泄量增大，确实把水库中的淤沙冲出一部分。从 1966～1969 年潼关以下的水库中淤沙冲走了 2.7 亿 t，但潼关河床高程仍上升 0.7m，其上的水库中继续增淤 20 亿 t，渭水的淤积继续发展，上延了 15.6km。冲下去的泥沙淤在下游河槽内，对防洪非常不利，看来问题还未解决，需要更多更低的泄水排沙孔，这也说明黄河的自然平衡状态一旦被打乱，会引起多么复杂和深远的影响！

但是，怎样再次加大泄放能力呢？人们想起施工时在大坝底部留设的 12 个导流底孔，这些底孔在大坝建成后已用混凝土密实地填塞了。是不是可以重新挖开，用它们来大量排沙？经过复杂的研究，认为可行，于是进行第二步改建。1973 年这些底孔"重见天日"，投入运行，确实收到了较好效果：潼关河床高程下刷了近 2m，330m 以下的库容增加了 10 亿 m^3，一批低水头径流发电机组投产发电，以后经过 20 多年探索，总结出较合理的运行方式。现在，三门峡枢纽能够发挥一定而有限的防洪、防凌作用，能维持水库内泥沙的冲淤大致平衡，能保持潼关河床不再淤高而威胁关中平原，提供了灌溉水源，还安装了 25 万 kW 机组可以径流发电，总之，取得一定的综合效益，"差强人意"吧（图 2-3-8）。

这样看来，三门峡枢纽的历史非常曲折。当初的规划无疑未实现，原因是对黄河水沙运行规律认识不足，提出蓄水拦沙的治黄方略，搞高坝大库，对水土保持的作用过于乐观，对综合利用要求急于求成，对移民工作的艰巨性也估计不足，以致造成失误，被迫进行两次改建，才取得一定成果，教训是巨大的。

现在来看，当时苏联本来就缺乏在含泥量极高的大河上进行开发整治的经验，"所托非人"。再说，当时国际上的科技水平也就如此。我们毋宁自己承担更多的责任。周恩来总理曾说过："三门峡工程苏联鼓励我们搞，现在发生了问题，当然不能怪他们，是我们自己做主的，苏联没有洪水和泥沙的经验"，可谓严于律己之论。

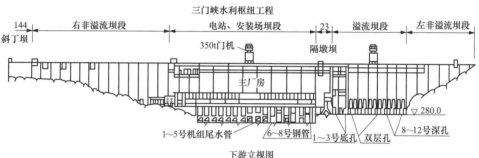

图 2-3-8　三门峡工程枢纽图（单位：m）

　　主要的问题是要在付出学费后取得经验。通过三门峡工程的反复，我们对"治黄"从认识水平到科技水平都有极大的提高。例如，整治含沙河流的基本思路，水库如何能保持长期运行，蓄清排浑调水调沙合理运行方式的实践，库区泥沙冲淤的规律等。泥沙学科从泥沙运行的基本理论、模型试验技术、数学计算理论和方法、异重流排沙等以及高含沙的水力发电问题也都有了迅速发展。这为中国人民继续整治大江大河带来无比宝贵的知识和经验。

　　现在，治黄工程正在继续全面进行。上游已建成龙羊峡、李家峡、刘家峡、大峡、盐锅峡、八盘峡、青铜峡等发电、调蓄和灌溉枢纽，北干流上建成天桥和万家寨水利枢纽，三门峡下游黄河最后一个峡谷中正在兴建宏伟的小浪底水库。还有拉西瓦、公伯峡、黑山峡、碛口、龙门等大型枢纽和水库在设计待建。随着这些工程的陆续兴建，三门峡枢纽的任务将起变化，运用水位可适当提高，发电容量可扩至 40 万 kW，库区百万亩滩地可以开发利用，前景将愈来愈美好。但是，旧的问题解决了，新的问题又出现了。近几十年来，黄河固然未再决口，安然无恙，但原来的泄洪排沙规律已经打乱，出现连续多年长期断流情况。一些专家惊呼黄河将变成一条季节河，永失风采。水土保持效果不显。下游河床仍在淤高，同样的洪水流量下水位远远超过以往。万一若干年后又来一次"道光大洪水"将何以堪？可见，情况正在不断发生变化，黄河不是那么容易被理解和驯服的，她正在不断和人们较量着。我们必须用动态观点看问题，现在还远不能说我们已能根治黄河，而只能尽力"把黄河的事情办好！"所以，如果要在三门峡大坝上立一块纪念碑的话，最好还是仿照武则天女士的做法，立上一块无字碑，功过得失留待后人评定吧。

第五节 "七五八"噩梦

这一节里我们要记述在 20 世纪 70 年代发生于中国的一次重大垮坝事故，即淮河流域中的板桥和石漫滩两座水坝在大暴雨中溃决。垮坝的后果是灾难性的，它震撼了全中国的水利界，并迫使人们对水坝建设的全过程——从基本设计思路、坝型和枢纽布置的选择到建成后的监视、运行和防灾措施各方面都进行深刻的反思。事后的分析研究和这两座工程的复建都说明，这一惨剧不是不可避免或不可抗拒的。血的教训和沉痛的代价的确使人们变得聪明起来。此后，水坝的勘测、设计、施工和运行维护方面也有了很多改进，许多规程、规范也得到重订。但作者认为，最重要的收获还是设计思想的改变。

由于缺乏经验，在新中国成立后的初期，大坝工程师们主要是按照规范、教科书和参考外国类似工程做设计的。其步骤是：调查搜集水文等基本资料，通过统计分析算出各种频率下的洪水流量和过程（所谓百年洪水、千年洪水、万年洪水等）。从设计规范中可以查出大坝应按哪一级洪水设计或校核。在选择枢纽布置和坝型时，只要能满足上述泄洪标准，决定性的因素是造价低和施工快。至于大坝建成后的监视、维护、运行维修和万一出现险情时的应急措施，都不是重点。水坝的设计似乎可以千篇一律地按照这个流程运行。而这次事故告诉我们：不能这样简单和机械地对待水坝设计，必须更深入地分析认识每个工程的主要特点，如：水文系列的长短、资料的可信程度、当地的气象和水文特征、下游的具体情况等，从全局衡量的角度来优选方案，并留有必要的余地。总之，不应该用"机械"的、"确定论"的思想来设计水坝，不能因为自己的设计已满足规范和教科书中的全部要求而感到万事大吉，而应该用更多的"辩证"思想来看待问题。

现在还是回到板桥和石漫滩的垮坝事故事上来。事故出现在河南省淮河上游地区，所以还得从淮河说起。

打开地图，淮河流域是一片广阔无垠的大平原，理应是中国的鱼米之乡、粮棉之仓。可是历史上的淮河留给人们的印象却是无穷无尽的灾难。最能说明问题的就是那流传遐迩的凤阳花鼓歌了："说凤阳、道凤阳，凤阳本是好地方，自从出了朱皇帝，十年倒有九年荒……"，淮河似乎永远和水旱灾害逃荒要饭连在一起。

平心而论，把淮河灾难全归咎于"朱皇帝"，也有些不公允。淮河发源于河南桐柏山，流长近 1000km，拥有近 20 万 km^2 流域面积，是一条浩荡大河。古时候江、淮、河、汉是并提的。淮河有她自己的水系、湖泊和入海通道，也孕育着中华文明。自古以来，淮河当然也不断闹灾，但使事情发生根本性恶化还是北方那条黄河造的孽。原来黄河从郑州桃花峪以下河道并不固定，而在黄淮海平原上"游荡"，每隔若干年会来一次大改道。大体上，北宋以前黄河主要走北，在天津附近入海。而从南宋初年起，黄河改道南流夺淮入海。淮河水系全被侵夺打乱。清朝咸丰年间（1855 年），黄河又改道北去。黄河这一来一去不打紧，留下的却是一片疮痍：淤积的河床、紊乱的水系，破烂的堤防。由无数条支流汇集而成的淮河，进入洪泽湖后竟没有一条入海通道，加之中、上游地区又是著名的暴雨区，1938 年国民党政府扒开黄河花园口大堤，企图以滔滔黄水阻挡西进的日寇，日军未能挡住，更给淮河流域雪上添霜。真个是小雨小灾，大雨大灾，不雨旱灾，变了人间地狱。各时期的政府虽也设有"导淮"机构，也有志士仁人专家学者研究各种方案，但政治腐败，兵乱不止，国力凋敝，治理淮河，从何说起。

1949 年新中国成立后，洪水并不给年轻的人民共和国以喘息机会。1950 年安徽连降暴雨，水势猛涨，全河泛滥，淮北地区灾情严重。一封封的紧急电报送到中南海，毛泽东连批几次有关治淮的电文给周恩来，要求紧急救灾、治淮。他下定决心："一定要把淮河修好！"

说干就干，1950 年冬季在进行艰苦卓绝的抗美援朝战争的同时，百万大军奔向工地，开始了治淮大业。从 1950 年起，治淮工作没有中断过，连续 50 年的整治，淮河流域终于出现了新貌。全流域建成大小水库 5200 多座，较大的如佛子岭、梅山、南湾、薄山、石山口、白龟山、昭平台、磨子潭、响洪甸、石漫滩、板桥……，利用湖泊洼地建成巨大的滞蓄洪区，如洪泽湖、南四湖、骆马湖……，扩大、疏浚和新开了河道，加高加固了堤防、建成规模宏大的灌区，还开发了水能、繁荣了航运。总之，今日的淮河流域已经成为初步稳定的粮棉产区。虽然自然灾害还远未根除，又出现了水质污染等新问题，治理工程有待继续进行，但淮河流域确实已经旧貌换新颜了。

但在这里不能不指出一点：在 50 年代启动治淮大业时，旧中国留下的技术资料尤其是水文资料是十分稀少、残缺和不可靠的。工程师不得不采取外推、内插、估算、假定等方法来确定设计洪水。事后看来，这些数据都明显偏小，所以在这几十年中，仍不断出现决堤、淹城、漫坝等情况。像 1969 年史淠河流域大水，佛子岭、磨子潭两座水库水位都超过坝顶，洪水漫坝而下，幸亏它们是混凝土坝，总算顶了过来，未酿成大灾。但 1975 年洪汝河、沙颍河流域发生想象不到的大暴雨后，许多土坝就再也抵挡不住，发生了举世震惊的大惨剧。

先得说一说淮河的洪水成因。每年 6 月中旬到 7 月上中旬，淮河流域南部进入江南梅雨季节，经常由于持续大雨而出现洪水。7、8 月间，全流域都会出现大雨和洪水，9 月份逐渐出汛。1975 年 8 月的特大暴雨是由当年的 3 号台风在特殊条件下形成的，人称"七五八"大水。

话说 1975 年 8 月 4 日，3 号台风穿越台湾岛后，在福建晋江登陆。它并没有像通常那样在登陆后逐渐减弱消失，却以罕见的强劲势头，越江西，穿湖南，到达常德附近。8 月 5 日晚，行径诡秘的这个台风突然转向，北渡长江，直入中原腹地，在河南境内"停滞少动"（图 2-3-9）。具体停滞的区域，是在伏牛山脉和桐柏山脉之间的弧形地带，也就是河南省淮河上游的丘陵腹地，这里奔流着颍河、北汝河、沙河、洪河、汝河等河流，兴建有上百座山区水库，星罗棋布，像繁星般地点缀在青翠的大地上。3 号台风在这里的停滞少动，就带来了空前的灾难。

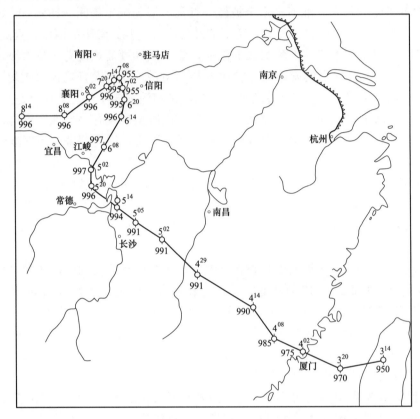

图 2-3-9 3 号台风路径和强度

老天爷似乎在故意折磨和愚弄人们。这一年 7 月份本地区雨量稀少，旱象显露，各地正在抓紧抗旱斗争。从 8 月 4 日起开始普降大雨，大家正喜庆甘霖到来，拼命关闸蓄水——一滴水就是一把粮呀，谁知这雨一发而不可收，甘霖瞬时变为洪魔。

真正的暴雨下在 8 月 5 日下午至 8 日上午，分三次降雨过程。第一次暴雨从 5 日 14 点下到 6 日 2 点，历时 12 小时，主要雨区在洪汝河上游及澧河、干江河一带的山丘区，这时候，台风离此尚较远，这大雨主要由低层东风急流带来的暖温空气与位在华中的冷空气耦合上升而形成。大雨浸透了干燥的土壤，填满了干涸的水库，而且迅速收兵，使人们担心又要转旱，舍不得利用间歇期开闸放水，腾出库容，纯粹是十足的引人上钩手段。

第二、三次暴雨过程的罪魁祸首就是 3 号台风这个魔鬼了。这台风 6 日 21 时进入河南省，在桐柏县附近"徘徊"，从赤道地区涌来的暖湿水气源源不断到达雨区，和北部的冷空气团相遇，瓢泼大雨就漫天而下。具体来说：从 6 日 14 点到 7 日 16 点为第二次阵雨过程，雨区东移到平原地区，形成一条西北—东南方向的弧形暴雨带，中心在上蔡县附近。这场大雨将山丘区下游的平原洼地塘库完全填满，断了后路，然后雨区又西移到山丘区，从 7 日 12 时到 8 日 8 时，整整下了 20h 的第三次大雨，暴雨强度达到令人难以置信的程度，如林庄站在 4h 内下了 641.7mm，总雨量达 971.9mm，而且暴雨中心位在伏牛、桐柏两山之间，其中有许多三面环山偏东有缺口的喇叭形地区，更加剧雨情灾情。在暴雨中，江河和大小水库水位猛涨，纷纷溃决，狂涛奔泻，一片汪洋。在达到垮坝决堤的目的后，3 号台风于 8 日 14 时以后向西南方向移出，在襄樊地区又引起一次大暴雨，最后消失在湖北省境内。

总起来说，这次暴雨从 4 日下到 8 日，雨区基本上沿着洪汝河、沙颍河、唐白河上游的低山丘陵区呈西北—东南方向分布。主要中心有三处：林庄、油房山和郭林，雨量分别达 1631.1mm、1411.4mm 和 1517mm，都发生在山丘区。平原地区以上蔡为最大（847.3mm），5 天内雨量大于 200mm 的范围有 43800km^2，相应总降水 201 亿 m^3，总雨量大于 400mm 的范围有 18900km^2，600mm 以上的为 8970km^2，这真正是罕见的暴雨。在暴雨中心处，用当地老百姓的话来讲："雨像盆子里的水倒下来一样，对面三尺不见人。"在林庄，雨前鸟雀遍山坡，雨后虫鸟绝迹、死雀遍地！当地居民都说不仅自己平生没有遇到过连下三天三夜大暴雨的事，几辈子也没听说过！调查历史资料，该地区历史上最大一次洪水发生在 1593 年。在沙颍河上游鲁山县志记载"大霖雨 4～8 月，平地为渊"。中下游陈州（淮阳）府志"淫雨连月，平地水深数尺，破堤浸城，四门道路不通，出入以舟，沙颍等河堤决横流，桑田成河，漂没民舍，死者无算"；洪汝河汝南县志："黑风四塞，雨若悬盆，鱼游城关，舟行树杪"……似可相比。但 1593 年的降雨历时很长，范围也较广，似乎还不是像"七五八"那样集中在短时期内的"倾盆倾缸大雨"。1593 年以后近 400 年间，历史上没有出现过这样的大洪水。在全国乃至全球范围内比较，"七五八"暴雨中心地区短历时雨量超过我国以往任何暴雨记录，林庄 6h 雨量 830.1mm 达世界最大纪录。暴雨中心区汝河板桥河段，集水面积 768km^2，洪峰流量达 13100m^3/s，也成为同流域面积的世界纪录——不幸的世界纪录。

暴雨和洪水带来严重的灾情。河南省板桥、石漫滩两座大水库、两座中型水库、58 座小型水库、两个滞洪区垮坝溃堤失事，大水冲毁涵洞 416 座，护岸 47km，河堤决口 2180 处，漫决总长 810km，洪水相互窜流，平原最大积水面积达 12000km^2，29 个县市，1100 万人口，1700 多万亩耕地遭灾，其中遭毁灭性和特重灾害的有耕地 1100 万亩，人口 550 万人，倒房 560 万间，死牲口 44 万头。京广铁路冲毁 102km，中断 18 天，受影响 48 天。特别是两座大水库的失事，给下游造成毁灭性的灾害：遂平、西平、汝南、平舆、新蔡、漯河、临泉 7 座县城被淹，平地水深 2～4m，水库垮坝是造成这次洪灾损失特别严重的原因，我们不得不忍痛叙述一下板桥和石漫滩的垮坝经过[●]。

板桥水库修建在汝河上，位于泌阳县境内，设计最大库容 4.92 亿 m^3，最大下泄量 1720m^3/s。大坝是一座土坝，质量优良，号称铁壳坝，谁也不曾怀疑过它会溃决。

1975 年 8 月 5 日下午 2 时，第一次暴雨降临，日降雨量为 448.1mm（而按设计，

● 本节内容主要取自《二十世纪中国重灾百录》钱刚主编，上海人民出版社出版，见参考文献 [6]、[7]，谨表谢意。

"千年一遇"的日雨量才 306mm），水库水位迅速上升到 107.9m，已接近最高蓄水位，倾盆大雨使水库管理局电话总机室坍塌，线路中断，管理局与上游各雨量站全部失去联系，公路交通也中断，板桥镇积水两尺，大部分民房倒塌，板桥公社干部在慌乱中组织力量转移老人儿童，派出所干警在抢救档案……。

当天，驻马店地区"革委会"生产指挥部副指挥长陈彬、指挥长刘培诚赶到板桥。刘于当晚返回驻马店，陈留在板桥搜集一些好人好事。当时人们还没有意识到板桥情况已紧急。

8月6日下午至7日上午，第二场大雨降临。7日午后，天奇黑，雨更猛。第三场也是最大的一场暴雨出现，从下午4时整，下了13个 h。陈彬虽非水利干部，也感到情况有点不妙，他召集会议，请当地驻军用连队报话机试图对外作接力式通信，紧急呼吁各级部门调集一切可用物资支援防汛。泌阳县县委书记朱家潮于7日傍晚赶到板桥镇，发现形势危急，决策立刻安排下游板桥、沙河庄群众迅速撤离，并协助陈彬拟紧急电报，通过军队上报。

与此同时，驻马店地区革委会生产指挥部正在召开紧急抗洪会议，讨论了宿鸭湖、宋家场、薄山等水库的险情，惟独没有谈到板桥。因为板桥没有报险——事实是板桥与驻马店的通信已完全中断，一位带着报话机进行接力通信的战士也在途中被狂洪卷走了。可见在当时我国的信息传递水平落后到何等程度。

这样，板桥陷入孤军奋战局面。到7日21时，确山、泌阳已有7座小库垮坝，22时，中型水库竹沟水库垮坝。此时，板桥水库大坝上一片混乱，暴雨柱儿砸得人睁不开眼，相隔几步说话就无法听清。大批水库职工、家属被转移到附近高地，飘荡着的哭声、喊声和惊叫声在暴雨中交奏出惨烈的乐章。人们眼睁睁地看着洪水一寸寸地上涨，淹到自己的脚面、脚踝、小腿、膝部……上涨的库水迅速平坝，爬上防浪墙……水库职工还在设法抵抗，有人甚至搬来办公室里的书柜，试图挡住防浪墙上被撕裂扩大的缺口……一位忠实的职工在暴雨中用斧子凿树，欲留下洪水位的痕印……

突然，一道闪电，紧接着是一串炸耳的惊雷，接着万籁俱寂。暴雨骤然停止——夜幕中竟然出现闪烁的星斗，有人一声惊叫："水落了！"

刚才还在汹涌上涨的洪水，突然间就"哗"的回落下去，速度之快使所有的人瞠目结舌，只有内行的人意识到这意味着什么——那座刚才还如一只巨大气球似的水库，在方才的霹雷声中突然萎缩——6亿 m^3 的库水令人惊恐地滚滚下泄。板桥铁壳坝终于在8日凌晨1时崩溃。

水库垮坝所带来的大水与通常的洪水比，具有极为不同的特性。这种人为蓄积的势能在瞬时间突然释放，不仅出现巨大的流量，而且洪水像钱塘江潮那样形成一个高耸的立波往下游滚滚推进，具有无法抗拒的毁灭力量。从板桥水库突出的巨龙，首先吞噬最近的沙河店镇，尽管事前已做了紧急撤离布置，全镇 6000 余人中仍有 827 人遇难。撤离的通知仅限于泌阳县范围，驻马店行政当局没有也不可能向全区作紧急部署，与沙河店仅一河之隔的遂平县文城公社完全没有得到警报，成为"七五八"洪水中损失最巨大地区：全公社 36000 人中有半数遭难，许多人家绝户！

图 2-3-10　板桥溃坝

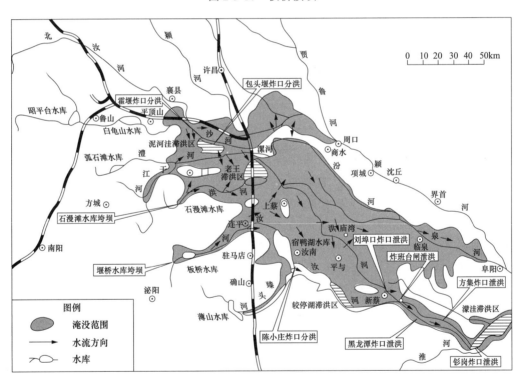

图 2-3-11　"七五八"洪水淹没范围图

《二十世纪中国重灾百录》所载一些劫后幸存者的口述，至今读来令人毛骨悚然：

"大水下来前，我们咋知道水库会有危险呢？天黑时，村里人看见河南岸沙河店那边影影绰绰有人在比比划划大喊大叫，可风声雨声太大，根本听不清喊的啥！"

村民魏长河（全家 6 口人中 4 口丧生）"喂饱牛时雨已下得很大，天黑时全队人都往地势较高的大队部躲，三个妮儿，俺家里的抢一个，我抢俩，手里还拉着一个 12

岁的小子，刚进院子，大水就从高高的墙头扑进来，像盖被子似的把满院子人都闷在里面。"

当时50岁的吴桂兰说："我和我11岁的妮子被水闷住后，倒塌的墙就砸在我俩身上，幸亏一个大浪把俺们托起，掀了出去，妮子眨眼间就不见了，我只觉得昏天黑地，抓住一张秫秸箔就随水漂走了。"

魏世兴说："水来前，我正找绳子准备拉父母上树上房子。父亲刚把绳子系到屋檐上，大水就进了屋，那么结实的绳子像根线似的断了，再看，老父母已经随水冲远。"他自己也被水冲走："白花花的大水一眼望不到边，我在水里不知翻了多少个滚……见到一根连根拔起的大桐树，上面攀着许多人乱哭乱叫，有人喊：抱好东西！抱好东西呀！"

村民魏东山回忆："我把老奶奶放进拖拉机的门楼子里，大水将奶奶和拖拉机一起卷走了。"他自己被洪水潮头"载"着往下，一路东去，犹如乘车："大水冲毁了坟地，冲出了坟墓里的棺材，我是抱着一块棺材板才活下来。洪水的水头是有几丈高，我浮在水头上就像立在悬崖上。我记得大水冲过一所小院落，屋里还亮着灯，有一个小妮子喊着奶奶往屋里跑，轰的一声就全没有了。"

村民魏长河记忆："我是抓着一只藤萝往下冲，一路冲到遂平城下，也不知喝了多少水。人说县城南门、车站大桥和铁路是三道鬼门关，我竟然都冲了过去，浑身衣服撕得稀烂，一路上就听见大人哭孩子叫，一排排水鬼明晃晃向你扑过来"（后来知道那是露出水面的电线杆上的白瓷瓶）。

......

从板桥水库倾泻而出的洪水，排山倒海般地朝汝河两岸席卷而下，75匹马力的拖拉机被冲到数百米外，合抱的大树被连根拔起，巨大的石碾被举在浪峰。水库在凌晨1时垮坝后，仅1h洪水就冲进45km外的遂平县，城中40万人半数漂在水中，一些人被途中的电线铁丝勒死，一些人被冲入涵洞窒息而死，更多的人在洪水翻越京广铁路高坡时坠入漩涡淹死。洪水将京广铁路的钢轨拧成麻花状，将石油金司50t油罐卷进宿鸭湖中。

板桥水库垮坝5h后，库水即泄尽。汝河沿岸14个公社、133个大队的土地被刮地三尺，洪水过处，田野上的黑色熟土悉被刮尽，遗留下一片令人毛骨悚然的鲜黄色。

另一座大型水库石漫滩水库也在同时溃决。石漫滩水库位于与汝河相邻的洪河支流滚河上，它还是淮河上兴建的第一座大型水库呢，始建于1951年，也是一座土坝，高20余米，并经两次加高，库容达9180万 m^3 ，按"50年洪水设计、500年洪水校核"。1973年设计部门根据新的资料曾建议将大坝防洪标准提高到100年设计、1000年校核，加高大坝6.4m，未被实现。石漫滩地区山清秀，环境优美，建库后20多年来为下游的防洪、灌溉和工农业发展做出一定贡献，不幸也在8月8日0时30分溃决，情况也是惨不忍提[1]。

溃坝时，大水漫过坝顶，推倒防浪墙，奔腾而下。滚滚洪水像锉刀一样将大坝后

---

[1] 见《情系石漫滩》，水利水电出版社，1970年。

坡一层层剥去，最后摧垮整个坝身，以 $30000\text{m}^3/\text{s}$ 的流量，排山倒海之势冲向下游，一举冲垮田岗大坝。加上上游早垮的袁门水库，三座水库的水混在一起，铺天盖地向下游平原地带扫去，一时波涛滚滚白浪滔天，天连水水连天，真正是天地震惊鬼神丧胆。这时候暴风雨戛然而止，满天星斗，一丝云都没有了。5h30min 后，1.67 亿 m^3 库水全部泄空。洪水冲垮田岗大坝后，分为两路，一股向北漫流于舞阳以南一带，一股顺滚河而下进入洪河。接着与从干江河决口下来的洪水会合，向下游演进，进入老王坡滞洪区和西平、上蔡境内。洪水所过，村庄树林全毁，家具死禽遍野，死尸也随处可见，一些高地和山坡上挤满逃命灾民。

板桥、石漫滩和其他众多水库溃决当日，最近的近万名驻军就赶到救灾。9 日起，武汉军区大批救援部队昼夜兼程抵达灾区，但灾情之重远超想象。数百万灾民被淹在久久不退的大水中，其中几万人还困在树上，头上则顶着三伏骄阳。灾民们几天来无饭吃，有的被迫吞吃死畜、小虫、树叶，肠炎、脑炎、感冒、肝炎……流行。医疗队下去后也缺少药物，有时，医生和病人都失声痛哭。大水退下后，人畜尸体到处可见，在暴晒下腐烂起雾，"沿途所有树枝上都被黑簇簇的苍蝇压弯了"。

8 月 12 日，以当时的国务院副总理纪登奎和人大副委员长乌兰夫为首的中央慰问团抵达灾区，并乘直升机视察。只见一片汪洋，5 座县城和一些高地如同散布在大海中的岛屿，有些人还站在水中和扒在树上。原来修建的一些水利工程现在反变成影响洪水外泄的障碍。13 日晚慰问团派沙枫等人飞回北京汇报，河南省委书记含泪说了一句："河南只有一个请求，炸开阻水工程，解救河南人民。"

14 日 0 时 15 分，沙枫等抵北京。李先念副总理已召集有关领导等候开会。李先念说：为了救人，你们说要炸哪里就同意炸哪里，并要水利部钱正英部长起草国务院和中央军委的命令，通知武汉和南京军区的舟桥部队先出动，由他签字的命令随后由空军空投执行。14 日上午 10 时，对最大的阻水建筑物班台闸进行爆破。巨响声声，班台闸的闸门、胸墙、桥面都腾空而起，接着炸其他工程，打开分洪口门，加速积水下泄，灾难总算过去。1993 年和 1997 年板桥、石漫滩两座大坝复建竣工，重新发挥更大的综合效益。复建后的坝型采用碾压混凝土坝，足可抗御千年洪水。库区和下游又恢复了繁荣太平景象，"七五八"噩梦逝去了，但是，遗留在心头的创伤是永远抹不去的。

这次惨剧究竟死亡了多少人呢？以前传言说有 20 多万人遇难，可与唐山大地震相比。这纯系谣传，不足为据。以后经调查统计，死亡和失踪人数为 85600 人，此数字曾见诸文字。其实，很多逃避他乡失踪的人，以后仍陆续返回，因此最后的数字是 26000 人遇难，伤亡总数 12 万多人，这仍是全世界有史以来未见的垮坝惨祸了。

两座水库大坝瞬时溃决的原因和教训是什么呢？从设计思想上说，应该以辩证的观点来深入分析客观情况，充分估计可能出现的最不利条件，以此作为设计决策的基础，就可避免这一惨剧的发生，已如本节开始时所述。对板桥和石漫滩两座具体工程来说，首先是规划设计时水文资料的严重欠缺，抗洪标准过低，建成后有人提出要提高标准加高加固大坝的正确建议未被重视。第二是对土坝不能抗御漫坝洪水这一特点认识不足，没有设置必要的"救命措施"。其次是监测、预报、通信、交通、抢险等手段十分原始与落后，也缺乏准备，特大暴雨一来，电力、通信、交通全部中断，连要通知下游和爆破一些建筑物都办不到，束手无策。最后，在水库调度中，偏重于抗旱蓄水，对发生特大洪水认识不足，不能及时尽早泄放，也是一个原因。1975年还处于十年动乱时期，政治局势混乱，当然也是一个因素。

从技术角度看，复建的两座大坝采用碾压混凝土坝型无疑是明智的。我们无意贬低土石坝的重要意义，土石坝具有很多优点，目前世界上最高的坝是土石坝。根据我国国情，广大地区的中小水库还要大量采用土石坝，按照近代科学技术水平修建的土石坝也能安全运行。但是土石坝尤其是土坝有个重要特点，就是不允许洪水漫坝，在这方面，混凝土坝显然具有强大的抗御潜力。因此，如果水文资料不足，当地有发生过历史洪水的记载，坝高库大，一旦垮坝会造成毁灭性灾害时，在选择坝型时宜更慎重些。如果采用土石坝，应该留有"救命"的措施，譬如说，留设非常溢洪道，在必要时打开、炸开或自溃，以宣泄意外的洪水而保主坝之安全。

本章中记述的几座水坝失事、报废或不能发挥设计效益的教训是深刻的。大体说来，招致大自然报复的原因不外以下四类：①对地质上的缺陷认识不足，加固不力，地基的失事使再坚强的坝体也无法稳定；②水文资料的欠缺，使遭遇意外大洪水而垮坝失事；③结构上的缺陷（设计或施工上的），如薄拱坝被压碎、土石坝被管涌破坏；④对滑坡、地震、泥沙淤积和其他生态环境影响估计不足，使工程建成后难以发挥效益或被迫报废。教训带来灾难和损失，也使人们变得聪明起来。世界上的坝工建设正是在接受正反两方面的经验中发展前进的。

第四章

世界上两座大水坝工程的争论和结果

第一节 阿斯旺高坝的功过

水坝——特别是大型水坝和由它形成的大水库仿佛是一把两面刃的剑。一方面，它能够造福人类，另一方面又会遭到大自然的无情报复，带来深远的后果。因此，在对待建坝问题上一直存在着不同的见解，引起激烈的辩论。我们不可能全面地介绍，只举出两座极具特色和影响最大的工程：埃及的阿斯旺（Aswan）高坝和中国的三峡枢纽。先说说阿斯旺高坝。

阿斯旺高坝建在埃及的尼罗河上。埃及是世界五大古文明发源地之一。埃及有记载的历史比中国还长，人们至今还难以弄清，在 4600 年前，古埃及人是怎么用极原始的手段，开采、修凿每块重几千斤的巨石，并把 230 万块这样巨大的石块堆成 146.5m 高的胡夫金字塔的，这真是个千古之谜。

可是上帝对这块文明发源地却颇为吝啬。就拿今天的埃及来讲，100 万 km^2 的国土，96%都是沙漠——无边无际寸草不长的沙漠。上帝的唯一恩赐，是在这块荒凉大地上布下了一条长河——尼罗河。尼罗河的流量不大（多年平均约 840 亿 m^3 的水），长度却达 6700km，世界称冠。埃及全国的耕地和城市，主要都分布在尼罗河两岸的狭长条带和河口三角洲内。尼罗河流域的雨量稀少，而且分布不均，每年汛期，洪水奔泻千里，泛滥两岸，对两岸耕地进行天然漫灌。水中挟带的泥沙中，附有肥分，沉积在地里，又给土地免费施肥。泥沙沉积在河口，又形成肥沃的三角洲，两岸人民依靠这一年一度的洪水进行播种和收获。所以古埃及在天文、历法和测量方面也发展得特别早。尼罗河水成为埃及人民生命之水，尼罗河也被亲切地称为母亲河。

但是，正如中国的黄河一样，母亲河也给她的儿女带来苦难和灾害。丰水年的特大洪水，破堤决口，平原尽成泽国。枯水年份则无比干旱，颗粒无收，人畜死亡枕藉。一年一度靠天播种吃饭的落后生产方式，养不活愈来愈多的人口，人们能不能通过水利建设掌握自己的命运呢？

还是在 20 世纪初英国殖民统治时代，人们就在阿斯旺这个地方修建了一座低坝（老阿斯旺水坝）。由于坝低库小，虽经两次加高，能起的作用还是有限。修建一座高坝来全面控制调蓄尼罗河的水，就成为埃及人民梦寐以求的目标。1946 年，埃及的专家和政府提出了建设高坝大库的建议书，西方国家也曾答应在技术和资金上给予援助，但在纳赛尔领导埃及人民推翻法鲁克王朝、完成民主革命而且把修建阿斯旺高坝认真提上议事日程后，西方却撤销了承诺，取消了技术和资金上的资助。埃及政府不顾国际与国内的反对声浪，毅然决策，修建高坝，并向苏联求援。在苏联的支持下，于60年代终于建成了阿斯旺高坝。

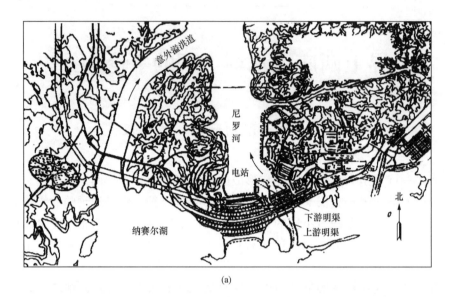

(a)

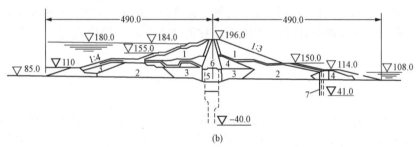

(b)

图 2-4-1　阿斯旺水坝平面和剖面图（单位：m）

（a）枢纽布置；（b）坝的剖面

1—石渣；2—灌砂的块度 150mm 块石；3—振捣的丘砂；4—不用振捣的粗砂；

5—压实的粗砂；6—黏土心墙和铺盖；7—排水井

这是一座"土心墙砂石坝"，在河床面以上高 111m，长 3830m。大坝修建在厚达 225m 的冲积层上，采用大规模的帷幕灌浆与土心墙相接以控制渗漏，工程难度相当高。这座高坝建成后，形成总库容达 1680 亿 m³（死库容 310 亿 m³）的大水库。坝上游出现了面积 6500km² 的烟波浩渺的人工大湖，称为纳赛尔湖。纳赛尔湖的容量足以装下尼罗河两年中的全部水量，是一座名副其实的多年调节水库。从此，尼罗河的流量被置于人们的控制之下，在防洪、抗旱、灌溉和发电各方面都起了巨大而深远的影响。就发电而讲，坝下设置的水力发电厂每年能提供 100 亿 kW·h 的电力（全部竣工后），成为埃及的最大骨干电站。

阿斯旺高坝的修建，从技术角度上讲是很成功的，作用也是巨大的。但这座坝从规划开始时就出现了不同意见，遭到多方面的反对，后来发展成无休止的争论，从国内向国际延伸。高坝建成后，争论并未稍息，指责批评乃至诋毁咒骂纷至沓来，大有愈演愈烈之势。在西方一些媒体的炒作下，阿斯旺高坝在很多人心目中是一座只起坏作用的工程，成为埃及人的灾难。在许多国家里当争论某座水利工程当否修建时，阿斯旺坝常被引为失败的例证。可以说，当时还没有一座大型水利工程的名誉被抹黑到这样的程度。以至当埃及大坝委员会邀请国际大坝会议在埃及举行 1993 年度的年会时，秘书长柯蒂隆问埃及人：他们有没有勇气敢以阿斯旺坝的影响作为年会的学术讨论会主题？埃及的工程师接受了这一挑战。

在那次学术讨论会上，埃及人提出了数十篇论文，客观地对高坝的作用、影响、功过得失做了全面深入和公正的分析，会后出版了《阿斯旺高坝全部调控的巨大成就》总报告。我们认为他们的报告是公正的，主要指报告不仅总结了成绩，也指出副作用和改进之途，并不文过饰非。这为阿斯旺高坝的"平反"和洗刷所蒙受的坏名誉创造了条件。

现在让我们扼要论述一下阿斯旺高坝的功过得失，并且先从它的坏影响说起，同时介绍埃及当局所做的补救措施。

（1）水库淹没了居民点、田地和文化古迹。

阿斯旺水库回水直达苏丹北部，全长约 500km。两岸许多村庄、田地被淹，约有10 万努比亚人需迁移安置，其中在埃及境内的约 5 万人。

努比亚人是居住在库区范围内的少数民族。埃及和努比亚间的关系开始于公元前2500 年。公元前 1700 年埃及占领了努比亚，对其实行统治管理。努比亚有过灿烂的文化，特别在公元前 1292～1225 年期间，他们在 Abu Simbel 修建的两座神庙（下称阿布神庙），堪称当时人类文化的辉煌表现。在尼罗河两岸还留有他们的大量文化古迹。1902 年修建老阿斯旺坝以及 1912、1933 年老坝的两次加高，努比亚人已经被迫迁移过两次，这次更要动迁十万努比亚人，许多人认为对他们将是一大灾难，很关心这些不幸的人的命运。

要建大库只能动迁努比亚人，这里没有选择余地。但埃及政府对安置移民做了细致的安排。除赔偿迁移损失外，还专门垦殖土地、开挖沟渠，建造房屋和各种基础设施，力求安置区的气候与原居住区相似，开垦的土地面积足以补偿被淹田地，灌渠及其他基础设施优于原来条件。努比亚人有三个群落，有独自的语言和生活习惯，动迁时就分别安置，所建房屋也保持原有的布置与建筑风格。因此，总的来讲移民能适应新的环境和生活方式，做到安居乐业。

比移民更难办的是文化古迹的挽救和迁移。阿斯旺水库要淹没许多古努比亚人留下的文化古迹，尤其是 17 座古庙。埃及政府在各国的支持下挽救和迁移了其中的 10座。例如法国、意大利和德国各承担了迁移一座的任务。但最著名的还是上面提到过的两座阿布神庙，这是在公元前 12 世纪由雷姆斯（Ramses）第二国王建造的，它们是在砂岩山头内开挖洞室并在洞室壁上雕凿出四座巨大神像而成的。最奇妙的是，在每年春分前 25 天和秋分后 25 天（也就是 2 月 26 日和 10 月 18 日前后），太阳恰在沿庙的轴线升起，这两天清晨，太阳光可以直照到离神庙进口 47m 深的最内部的墙上。

这种神奇的设计和迷人的境象，引起人们极大兴趣和许多遐想。这是真正的文化古迹、世间瑰宝，一些后世附会修建的所谓古迹绝不可与之同日而语。如果让这种世间瑰宝永沉湖底，肯定将成为万世指责的罪行。

但要迁移阿布神庙（和其他庙宇），已超出埃及和普通国家的技术能力范围，为此，埃及政府向国际社会发出呼吁，立刻得到联合国教科文组织（UNESCO）的响应。1960年3月，UNESCO发出呼吁："与埃及人民的巨大努力联合起来，共同挽救阿布神庙和其他努比亚古纪念物"。在瑞典国王古斯塔夫为主席的国际资助委员会的组织下，有50个国家参与了挽救工作，而迁建阿布神庙的重任落在美国人的肩上。

整个迁移工程是十分精细地设计和执行的。首先要在高地上选择最合适的新址，务求保留原来的朝向和相对位置，然后在新址开挖出洞室，在壁面上进行雕琢修饰。最后把原神庙内的石像连同附着的岩面精密地锯成巨块，编号搬运到新址壁面上固定起来，在两座新庙的顶部，罩上跨度60m的钢筋混凝土圆顶，再在其上堆置人工山头。每个圆顶上的载重达10万t。这一工程花了数千万美元和4年（1964~1968）工期，阿布神庙终于迁建成功。工程做得如此理想，新庙的神像几乎是天衣无缝，如果神明们归来，一定怀疑自己记错了地方，而不会想到神庙已搬过位置。现在，到埃及旅游的人，去鲁克索参观神庙几乎是必然之举，比老神庙更吸引人。

（2）耕地丧失了肥分。

阿斯旺高坝的库容巨大，上游尼罗河水中挟带的泥沙及肥分几乎都沉积在库中，清水下泄，两岸农田失去了以往尼罗河水泛滥供给的天然肥料，为此，许多人指责高坝给埃及的农业带来了灾难。

这一副作用确实存在。但是数千年来这种依靠自然恩赐进行生产的做法是要付出代价的。首先是年年要面临遭遇洪灾或旱灾的威胁，例如20世纪六七十年代就发生六次大洪水，堤防溃决，平原尽成泽国，发生巨大生命伤亡，幸免者被迫迁移到沙漠边缘的帐篷中。同样，历史上也发生过触目惊心的连续干旱灾难，粮食无收，死亡枕藉，甚至发生以幼儿充饥的惨剧。其次，这种落后的生产方式只能是一年一熟，极低的生产力难以养活愈来愈多的人口。埃及政府在修建高坝控制了尼罗河流量后，沿河耕地每年可收获二至三熟，并适当补充化肥，扩大耕种面积，发挥灌溉效益，使粮食产量从仅能满足3000万人所需提高到满足6000万人所需。

与此有关的一个较次要问题，是尼罗河下游人民向来有利用河道中沉积的泥沙制砖建屋的习惯和工艺。河水中缺少泥沙后，只能在耕地上挖土制砖，毁坏了农田。为了解决这个矛盾，埃及有关部门试验研究了利用页岩质黏土岩制砖的技术，获得了成功，解决了问题。

（3）河床下切和海岸线退缩。

建坝后清水下泄，势必将刷深原河床。另外，由于排入地中海的水量和沙量大减，破坏河口原来的平衡关系，海岸线会受侵蚀退缩，盐水入侵。此外，还有个渔业问题。沿海沙丁鱼产量每年原可达一万数千吨，由于咸淡水比例改变，沙丁鱼潜入较深水域，产量将下降，这些问题在建坝前就有学者提出。如亚历山大大学教授费茨（Ali Fathi）认为此问题极为严重，河床可能平均下切22m，最大下切量可达54m，不仅尼罗河上已建闸、桥将全部破坏，而且会引起严重后果。埃及政府在编制规划时，曾请过国际专家多次研究，但难以得到确切答案。

高坝运行后，下游河床确实普遍下切，平均下切深度在 42～66cm 间，局部最深下切可达 2m，有些地方则反有回淤。下切数值远远小于一些学者的计算或推测值。下切主要发生在 1970 年以前，后来趋缓，逐渐稳定，未发现引起建筑物破坏事故。某些部位，河床下切后两岸有塌陷，宽 1～30m 不等，多位于荒漠地带，并未引起危害。尽管如此，有些学者认为这些年流量不大，而下切与流量有关，因此仍有担心。

关于海岸线退缩问题，建库前就已存在。建库后，出海泥沙量从每年数千万吨下降到二三百万吨，退缩现象加剧，一般每年后退 150m 左右，十年来已后退 1km 余，尤以罗塞塔地区为甚，海岸退缩了 3km，一些原来的度假中心关闭，海滩被冲走。埃及政府为此制定了一个制止侵蚀的计划，并开始执行。先处理最严重的部位，在海岸修建长 20km 的块石护堤，其他地区的保护也在研究中。

沿海沙丁鱼产量也确实一度减少，但在改进捕捞技术后又恢复到原有水平。另外发现高坝对渔业的影响，主要还在某些内陆湖区的鱼类，因水中盐分增加而减产。这个影响依靠发展水库渔业来补偿。

最后还应提一下，为了减轻下游河床下切，需设法减少在洪水期的下泄流量。为此，埃及政府在高坝上游约 250km 处，利用有利地形开挖一条新的泄洪渠道，将一部分洪水引入西部沙漠区内洼地蓄存。这只有在埃及的特殊条件下才能做到。

（4）土地盐碱化。

两岸耕地改为常年引水灌溉后，相当多的土地出现盐碱化、板结和地下水上升现象，总数近百万"费丹"（1 费丹折 6.3 亩），成为国内外指责的一个重要问题。这是由于不科学地进行灌溉，不搞排水，不执行有效的轮灌制度所造成的。

埃及政府从 20 世纪 70 年代起重视了这个问题，采取了合理灌溉、充分排水（特别是推广暗管排水）、科学种田等措施后，情况显著好转。据本书作者考察时了解到，埃及政府制定了全国农田改造计划，目前已有 300 万费丹耕地有了排水措施（包括用泵站抽排），其余 200 万费丹将在 1995 年改造完成。农业部还对低涝地区进行土壤改良，收效显著，解除盐碱化和涝渍问题，产量增加 15%～30%。总之，在改变了灌溉制度后，其他措施未跟上，是形成盐碱化问题的原因。

（5）水库诱发地震问题。

在设计高坝时，认为坝址区的地震基本烈度很低，但大坝设计中仍按 7 度地震设计、8 度地震校核。大坝建成后，1981 年 11 月 14 日在高坝水库附近地区发生一次 5.6 级地震，震中距坝址 60km，震源在地表以下 20～25km，地震传播至坝址处未对大坝及附属建筑物造成损坏，但引起埃及政府及国内外人士的极大重视。埃及政府在美国地质专家指导下，广泛开展区域地质构造的调查研究，设置地震监测网，并对坝体进行抗震动力分析。研究结果认为，1981 年 11 月 14 日的地震，是由于地震地质原因引起，不论水库存在与否，这次地震都会发生。同时证实在坝址附近有 5 条发震断层，其中以卡拉布什（Kalabsha）断层最重要，对此专门设置了监测网。这条断层今后（在大坝设计寿命期内）可能发生的最大地震级别为 7 级，相应坝址处的基岩加速度为

0.22g，速度峰值为 14cm/s，地震历时约 25s。按此用动力非线性有限元法做了分析，结果表明，在上述地震烈度下不会危及坝体和附属建筑物的安全。

（6）其他各种不利影响。

1）高坝建成后，下游尼罗河内流量与流速趋于均匀，水流变清，有利于水草孳长，特别在支渠中更茂盛，影响输水能力，他们最初用化学剂除草，但易污染水质，后改用机械切割。值得一提的是引进中国的草鱼食草，倒取得一定成效。

另外由于改变灌溉体系后，各种渠道内常有积水，促进了钉螺的繁殖。每年洪水期后，库边留下的积水洼坑又易繁殖蚊虫，这些都影响人民健康，要加强防治措施。

2）高坝建成后，水库内势必拦蓄沉积泥沙。但尼罗河水含沙量小，据测量计算，自 1973 年以来共有 8.5 亿 m³ 泥沙沉积在坝址上游 370～480km 的回水区域内，尚未产生大的影响。

建坝后，下游有些河段发生主河槽摆动现象，局部岸坡坍塌，需加整治保护。但此现象以前也有发生，是否为建高坝引起，尚无结论。

建坝后水库及河道内的水质至今尚属良好，局部的人工污染还不严重，但需加强监测和控制，以长期保持良好的水质。

讲透阿斯旺高坝的不良影响后，我们再来看看它的正面效益。

（1）免除了旱涝灾害。

阿斯旺水库能对尼罗河流量实现多年全面调节，因此能根除旱涝灾害。如 1964 年、1975 年、1988 年都发生特大洪水，1964 年洪峰流量达历史最高纪录，1975 年和 1978 年洪量达 1000 亿 m³ 以上，高坝均发挥作用避免成灾（1964 年高坝还在建中就拦蓄了近百亿立方米的洪水），以前每年要投入的大量防洪经费和人力物力也全部节省下来。1972～1973 年为特大干旱年，1979～1987 年更发生长达八九年的连续大干旱，旱灾遍及东北非洲各国，人畜死亡枕藉，埃及借高坝之赐而依然丰收。否则，埃及将重演 Joseph 法老时代连续七年的饥荒惨剧了。这一点，许多西方客观的评论家都承认"高坝拯救了埃及"。

（2）农业的发展与改造。

高坝建成后，埃及农业从洪水漫灌、一年一收的原始粗放形式改造成常年灌溉、一年两熟三熟的现代农业。单产的提高和新耕地的开垦，使埃及粮食产量成倍增加。埃及人口在 1907 年为 1120 万，1975 年为 3700 万，近年达 5000 万以上，每年因建设等需要还减少耕地 4 万～6 万费丹。对于一个耕地和雨量如此稀少，人口如此剧增的国家，如果不依靠阿斯旺高坝来发展农业，其后果是难以想象的。❶

（3）发电效益和影响巨大。

1970 年埃及全国发电量仅 20 亿 kW·h，基本上为火电。高坝电站装机 210 万 kW，设计年发电量 100 亿 kW·h，水量利用率达 100%，即每滴水都发了电，成为埃及电力系统中的骨干。如计及其对下游电厂的影响，效益就更大了。廉价、清洁和再生水电的开发，不仅节约了燃油，促进了工业发展，改善了人民生活和环境条件，提供了

---

❶ 现在，埃及政府正在研究将阿斯旺水库中的水引入沙漠地区，再造一个埃及的伟大计划。

大量就业机会，而且当埃及在 1967 年战争中失去了西奈油田和在石油危机的时候，高坝都缓解了埃及能源的极大困难。

（4）渔业、旅游和航运。

高坝形成的纳赛尔湖，水面辽阔，适宜开发渔业，1981 年鱼产量达 3.4 万 t，占全国渔产总量的 17%，最终规模可达 7 万 t。

举世闻名的高坝工程、纳赛尔湖以及坝址附近的五千年历史古迹，成为世界著名旅游热点，吸引了大量游客。阿卜欣堡市人口仅 1500 人，每日游客却达千人，航机三班。阿斯旺城的人口从 3 万发展到 20 万，每年接待外国游客数十万，从过去一荒凉落后的小城变为旅游与疗养胜地。旅游收入也成为埃及四大外汇收入之一。

高坝还改善了尼罗河通航条件。下游航道船只吃水深由 1.2～1.5m 增到 1.8m，而且流量均匀，常年通航。纳赛尔湖波平如镜，更成为埃及苏丹往来通道，年货运量达 200 万 t，阿斯旺城成为两国贸易中心。

从经济上讲，高坝与水库的总投资约为 4.5 亿埃镑，建成后两年内的经济效益已超过总投资，在以后的几十年中为国家创造的经济效益更达总投资的几十倍，而间接的效益是无法计算的。

上面我们将阿斯旺高坝正反两方面的影响都扼要描述了，相信读者们对它的功过得失自会有所评价。客观一点讲，即使不赞成某些人士所讲的"高坝副作用微不足道"，总也不应该把它描述得像厉鬼一样可怕。究竟是什么原因使阿斯旺高坝获得如此坏的名声呢？可以说，还没有哪个水利工程获得过这样遍及全球和坏到这样程度的恶名。看来这里的因素相当复杂。

第一位的恐怕应归之于政治偏见。在 60 年代纳赛尔总统计划修建高坝，西方拒绝给予支援，埃及就收回了苏伊士运河并成功地反抗了英法的入侵。从此之后，它就变成西方心目中的罪恶怪物。这还不算，这个怪物居然请另一怪物——共产主义的苏联去设计和修建了高坝。用国际大坝会议前秘书长柯蒂隆先生的话来说西方当时已没有选择余地："两个怪物只能生产出另一个怪物；阿斯旺高坝只能给埃及带来毁灭"。于是，强大的遍及全球的舆论机器开动了，在他们的笔下或广播中，高坝已毁灭了埃及的农业，三角洲正在沉入海中，古代文物已遭到破坏，……这一情况中国人是容易理解的，因为至今不是还有不少西方的舆论界将中国描绘成十恶不赦的罪恶帝国吗？

第二个因素是：这种诋毁水坝的宣传，很容易在某些人特别是西方人士中产生共鸣。这些人总的来讲对人类改造自然的斗争持怀疑或反对态度——尽管他们本身从中得益匪浅，而且也不打算回到茹毛饮血的时代中去。尤其对于尼罗河，那是一条神话性的神圣之河，全面改变尼罗河的面貌，拦阻泥沙、调节径流、消灭洪水……，这不仅是对古老神话的亵渎，简直是对上帝旨意的违抗。出于这种心态，他们对高坝的效益总不愿听，而对其副作用则特别欣赏。有一位法国记者，写了一份有关世界上大坝的罪行报道。当柯蒂隆先生告诉她阿斯旺高坝至少防止了饥荒这一事实，她愕然了，但也只是把标题改为"大坝，必需的罪恶"。看来水坝无论怎么造福于人类，它终须归到"罪恶"这一范畴中去。如果说它还有点正面作用，那也只相当于服刑中的罪犯生产了几双"劳改袜"罢了。

但还有更多的人士，他们并不对建坝持有恶感，而是相信西方报道的"客观"、"公正"，他们既不是专业人士，也不打算或无机会进行详细研究或实地考察，就只能是以讹传讹和人云亦云。例如，一直有人宣传高坝引起地下水位变化从而对尼罗河许多古代文物产生破坏作用。实际情况则是，这些古迹几千年来由于受岩石裂隙毛细管作用导致地下水上升的破坏作用，历史痕迹斑斑可见，建坝后地下水活动幅度大大减小，产生了有益的作用，效益反被歪曲成损害。又如80年代著名的国际作家韩素音女士访华，想以阿斯旺高坝引起下游耕地盐碱化毁灭了埃及农业为例，劝阻中国要慎重对待三峡工程。当时中国的水利部长钱正英向她解释了产生盐碱化的真实原因，她仍然不懂，以后仍坚持阿斯旺高坝毁了埃及农业的观点。我们很难劝说韩素音女士去学一点水利和农田灌溉方面的基本常识后再写文章，但多出版点科普读物、扩大点宣传力度肯定是有好处的。

第三个因素是：建水坝带来的各种影响，有的有形、有的无形，有的立竿见影、有的要长期运行后才出现，有的可计算、有的不能计算，有的对局部有损而对全局有利，有的则反之。以阿斯旺高坝为例，它的防洪抗旱效益，在未遇大洪水大干旱年并不为人所知，即使在大洪大旱年起了作用，也往往被人视为当然，而一些副作用，哪怕是不大的、局部的、甚至不能归咎于它的，却极易为人察觉而揪住不放，出现了受益的不领情、受影响的义愤填膺的现象。

这种现象倒不是阿斯旺的专利，水利工程往往皆如此。作者年轻时曾将全部心力投入浙江新安江水电站的建设中。新安江流域原来也是旱涝频替，三年两灾，人民痛苦不堪。新安江水库建成后，不仅其电站成为华东电网的骨干电站之一，而且能将万年洪水从4万多 m^3/s 削减到 $14000m^3/s$，基本上消除了洪旱灾害。下游连年丰收，两岸荒滩尽化良田，还兴建了大量建筑物。1983年新安江流域遭遇暴雨引发洪水，经水库调节将洪峰削去绝大部分，下泄流量不到 $5000m^3/s$，可以说立下了巨大功勋。然而下游地区仍以大坝泄洪淹没了耕地、建筑为由要求巨额赔偿。这种"恩将仇报"的事屡见不鲜。水利工程师也许会感到不可理解或寒心，但老百姓的道理就是那么简单：你大坝放水淹了我的田，当然就得赔偿。水坝的功过得失真不容易被广大人民理解啊！

第四个也是很重要的一个因素是：阿斯旺高坝确实有些不利的副作用，这在规划设计期间已为不少专家们预见到，提出了警告，有的因此反对建高坝。即使个别人对副作用的估计偏大或意见偏激，总是出自责任心，至少也是一家之言。纳赛尔政府当时建坝心切，对此并未给予足够重视，认真听取不同意见，加以深入研究和采取措施，这就促使学术上的分歧演化为意气和政见之争，并使部分人士变成了死硬的反对派。现在看来，早些重视不同见解，确实可以少走很多弯路，减少一些损失和事后的补救措施。在复杂的水利建设中，充分发扬学术和技术民主，集思广益，是何等重要啊！

经过数十年的争论和实践，埃及国内对阿斯旺高坝的功过争论渐趋沉寂，他们正在集中力量研究提高高坝工程的效益和进一步消除其副作用。但国际上的舆论尚未对此有个一致的说法，也许辩论还将持续下去。

第二节 世纪圆梦——中国三峡工程

我写《三峡梦》的由来

本书作者在 1990 年写了篇长文《三峡梦》，很引起一些波澜。这篇文章的部分内容也就收在本节内，因此，先得交代一下写它的原因。

继阿斯旺高坝以后，成为全球议论热点的水利工程无疑就是被一些人称为"世界上最大的坟墓"的中国长江三峡水利枢纽工程了。

长江和尼罗河就长度而言是相近的，都是世界上最著名的大河。但流域面貌和水量有天壤之别。长江流域居住着 4 亿人民，是中国经济发达的精华地区。长江多年平均入海径流量近 10000 亿 m^3，为尼罗河的 10 倍以上。同样，长江的年输沙量也远大于尼罗河。长江的水旱灾害也一样频繁和严重，但要想象治理尼罗河一样建个大水库一举解决长江的问题是办不到的。在人口稠密地区修建高坝大库引起的问题也更多些。总之，三峡工程的规模、库容系数、效益和副作用和阿斯旺高坝是很不相同的。

当然，两者也有相似之处，即两个工程都是整治世界上著名大河的骨干工程，都是两国几代人民（特别是政治家和工程师）的梦想，都为无数志士仁人前仆后继地研究呼吁了几十年，都经历过冗长和痛苦的论证和准备期，都蒙上过恶名成为国内乃至全球的指责对象。三峡工程的规模更为宏伟，在技术上、经济上、社会上的问题更为复杂，分歧看法也就更大，争论历时也就更长。如果说，阿斯旺高坝的论证研究过程可以写成一厚本书的话，那么有关三峡工程的历史就可以写得像《史记》一样长了，而要将论证、设计中的资料都出版，那篇幅就将超过《二十四史》了。

我们姑且将这部《二十四史》用三言两语来概括一下。大概可以说，20 世纪的 20～30 年代，是开发三峡梦想的萌生时期，而第一位提出这个梦想的是孙中山先生。40 年代是以外国人为主的初步探索时期，其中最卖力的是美国的坝工权威萨凡奇博士。50 年代新中国成立后，三峡工程开始被认真研究，并很快形成两种对立的观点，出现第一次大争论。60 年代由于"大跃进"的失误，以及随后发生的文化大革命，三峡工程被搁置，是个停滞的时期。70 年代改而修建三峡下游的葛洲坝工程，作为在长江上建坝的尝试，因而是"实战准备"时期。80 年代拨乱反正后，三峡工程出现了真正实施的前景，从而引发了第二次大辩论高潮。一直到本世纪末的 90 年代，三峡工程才进入最终决策和组织实施的时期，而她的完成要进入下世纪初了，这是个货真价实的跨世纪工程！

我在过去很长时期内没有涉足三峡工程的争论，只觉得这是个宏伟又而遥远的工程，可算是个怀疑派或中间派吧。形势的发展使我开始思考和研究三峡工程的得失，我想知道为什么有那么多的人对三峡工程苦恋不休，又有那么多的人对之忧虑重重。1986 年我被任命为三峡工程论证领导小组副组长暨技术总负责人后，这才深深卷了进去。在长达两年八个月的论证期中，我阅读了汗牛充栋的资料，布置了大量的研究试验和分析工作，参加了无数次的讨论和辩驳会，还多次去坝址、库区考察调查，使我逐渐认识到这个伟大工程对中国来讲确实是不可少的，而且中国也确实具备了修建她的能力和条件，我就变成一个赞成派了。

1989年春夏之交，当我们完成论证任务，满怀信心准备向中央和国务院汇报最终结论时，一场政治风波席卷了华夏大地。风波虽然很快平息，三峡工程却又一次被搁置起来。要知道在经济和社会迅速发展的时代，把一项牵涉百万移民的大工程搁置起来也许就意味着宣布死刑。我在无限失望和迷惘的心情下，不禁发出了"三峡、三峡、您究竟何时才能梦想成真"的长叹，百感交集中我执笔写下了《三峡梦》一文。我将她做了些删节放在这里，不是为了偷懒，而是觉得通过这篇文章向读者介绍有关三峡工程争论的历史和实质，要比枯燥的论述更生动有趣一些。

现在，读者和我一同进入这个世纪之梦吧。

一个引人做梦的地方和一场特别长的梦

朋友，你到过三峡吗？

三峡是个引诱人做梦的地方，古往今来，有多少英雄豪杰、骚人墨客为这百里画廊神魂颠倒、积思成梦，有美丽奇幻的梦，也有辛酸苦辣的梦甚至噩梦。

根据文字记载，最早在三峡（巫峡）做梦的似乎是2200年前的楚怀王和楚襄王，不过他们做的梦有些浪漫，据说梦见和姿容绝代的巫山神女幽会。风流文人宋玉还为之写下著名的高唐赋和神女赋，为后世传诵不休。旧小说中甚至把巫山作为男女幽会场所的代词，神女也变成妓女的雅称了。

"山色未能忘宋玉，水声犹似哭襄王"。宋玉记述或编造的故事，早已成为文人笔下的典故，以后很少有人再去做这种荒唐的绮梦了，而是做一些旅游梦、怀旧梦……只有在两千多年以后才有人开辟了三峡梦的新纪元。这个人就是伟大的民主革命家孙中山。1918年，第一次世界大战刚结束，他就想利用西方战后留下的生产设备、技术和资金，来开发三峡的水力资源和改善航道。这些在他所著的实业计划和所作的民生主义演讲中都有明确的阐述。当然，这只能是中山先生的一个梦想。但在那时能提出这样的设想，使后人不能不钦佩他的敏锐的目光和宏伟的抱负。

此后，做三峡资源开发梦的人就多起来了。有意思的是，一位洋专家也大做其三峡梦来。这就是美国头号水电和坝工权威、垦务局的总设计师萨凡奇博士。他在抗战烽火烧遍中国的1944年，以65岁高龄，乘了小木船深入三峡考察直至峡口（当时宜昌尚被日军占领），并亲手编写了报告。他主张在宜昌上游峡谷中建一座225m高的大坝，回水直达重庆，安装1500万kW的水电机组，而且能发挥防洪、航运、给水、灌溉、旅游的综合效益。这已经接近几十年后研究的结论了。博士似乎完全被三峡的宏伟气势和巨大资源迷住了，他的梦也做得特别认真。他声称生死在所不惜，三峡一定要去。他认为三峡的水力资源在中国是唯一的，世界上也无双。他发誓要建一座世界上最大的水坝。两年后他又来华勘察并组织中国技术人员去美培训。"萨凡奇·旋风"确实卷起了一股不小的三峡热。可惜只过了一年，忙于打内战的国民政府就下令结束了这一点缀性的三峡水电计划。参与工作的人员如梦初醒，沮丧地收拾行装。当时被派驻在垦务局负责结束事宜的徐怀云先生在 50 年后回忆：在接到通知停止工作并组织全部中方人员撤离的电令时，心中只感到"世界最伟大之水利工程坠入幻梦矣，凡我衷心为民服务者无不悲伤泪落！时不我予，无可奈何！"

1949 年新中国成立后，"三峡梦境"开始逐步明朗并走向现实。作为开国元勋的政治家和将军们，风尘仆仆地奔走于大江南北，了解人民的疾苦和忧患。建国伊始，就成立专门机构从事长江的治理开发规划，并交给了林一山负责。这位将军转业到水利战线后就一头扎了进去，为实现三峡计划奋斗了终生。尽管如此，背负着历史重荷的新生共和国要改变长江严峻的局面何其艰难。1954 年长江全流域发生大洪水，虽出动了百万军民拼死搏斗，保住了武汉市，但仍付出了惨重的代价，千里长堤多处溃决或扒开，1000 亿 m³ 洪水外泄，4750 万亩农田被淹，3 万人死亡，京广线中断 100 天，间接损失及后果难以计算。人民政权被迫加快了治理长江的研究步伐，周恩来总理担任这一工作的最高负责人，对长江、对三峡的全面治理和开发的研究工作从此真正开始了。

起初，林一山和他的同事们的设想，是在三峡修一座二百几十米的高坝，不惜搬迁重庆市，一举解决中下游洪灾问题，同时装机发电 3000 万 kW——毕其功于一役，而且建议尽快开工。恕我唐突，当年提出的这种方案和建设时期，也只能列入做梦的范畴。要知道直到 1957 年全国的发电总装机还不过 460 万 kW。当时要兴建这样大的工程，不要说国力不敷远甚，科技水平也相差太大，有些问题的重要性（如泥沙和环境问题）甚至还没有认识到，更不要说解决了。这一设想尽管脱离当时现实，却反映了人民迫切要求结束灾难性局面的心情和大无畏的气魄，并为以后的争论和深入研究提供了条件，是三峡工程从梦境走向现实难以避免的过程。

林一山的想法一出台，立刻引起不同的看法。以电力部李锐为首的水电界同志提出反对意见（有趣的是，李锐也是位转业搞水电建设的老干部，而且也是一头扎进去，毕其一生为新中国的水电开发做出贡献）。双方在期刊上展开激烈论争，盈篇累牍相互辩驳。一言以蔽之，一方说三峡工程好得很，应马上兴建；一方说三峡工程好个屁，万不可上马。如果用"文革"语言来规范，就是"好派"与"屁派"之争了。林、李的官司甚至打到毛泽东和周恩来的面前，三峡问题也列上中央的议程。开始，毛泽东似为李的观点所动，但不久李锐沦为彭德怀集团成员，"反三峡"也成为罪行之一，与他有关的人也多被牵涉，三峡之争染上点政治色彩。这种历史恩怨不能不影响到数十年之后。

失去了对立面，争论也搞不下去了。但三峡工程实在太大，连藐视秦皇汉武的毛泽东虽内心深处极爱三峡工程，还写下了"更立西江石壁，截断巫山云雨，高峡出平湖"的名句，对兴建三峡却持以十分慎重的态度。经过一次次的讨论研究，中央做出了一系列重要决定："蓄水位不能超过 200m，重庆不能受淹"，"要研究更低的方案"，"对三峡工程要采取既积极又慎重的方针"……一句话："积极准备，充分可靠"和"有利无弊"。

进入 60 年代，由于"大跃进"的失误和自然灾害，中国的国民经济濒临崩溃边缘，其后中苏交恶、备战备荒，随之又发生"文化大革命"，三峡工程也无从谈起，搁置了十年，方针改为"雄心不变，加强科研，加强人防"。林一山和他的部下也就转而研究

"大坝防炸"、"分期建设"和"水库淤积等问题"。这实际上是一段停滞的时期。60年代末，还有同志向毛主席提出分期修建三峡工程的建议，得到"备战时期不宜作此想"的答复。

三峡不能修，有人就建议先修其下游的葛洲坝枢纽。虽然坝低库小，但也可发电200多万千瓦，更重要的是看看人们究竟能不能在长江上建坝，因此被称为是三峡工程的实战准备。尽管林一山反对这么做（这将增加今后修建三峡工程的难度），也许由于"实战准备"这个词打动人心，也为给失望的人们鼓劲，毛泽东批准了这一计划，葛洲坝工程在1970年12月30日破土动工。

在十年浩劫期间仓促上马修建巨大的葛洲坝工程，其紧张和混乱的情况是可以想知的。一年多后由于出现种种问题不得不停工重新做设计，提出较正规的报告。1974年复工，走上正轨，6年中完成了左岸的"二江"、"三江"工程，1981年1月4日实现大江截流，同年7月首批机组发电，人们终于圆了拦截长江筑坝发电的梦。（又过了5年，葛洲坝的大江电站才发电，全部工程竣工则在1990年）。

葛洲坝工程确实起了"实战准备"的作用，加上粉碎"四人帮"和十一届三中全会后国家形势蒸蒸日上，水利部在70年代末小心翼翼地提出将三峡工程列为四化建设重大项目，争取在80年代建成的建议，触发了80年代的第二次大争论。国务院决定由国家计委和建委组织论证。为了减少困难和阻力，水电部决定让"长办"研究提出一个较低的开发方案（蓄水位为150m），以供论证和决策。1983年5月国家计委邀请了350多位专家开了个空前的大会审查"150方案"。也许是久梦难圆的三峡工程牵动了人心，"150方案"虽规模较小效益较差，但投资和移民困难也小得多，加上科委组织的大量科研成果的完成，"150方案"得到多数专家的首肯，他们异口同声地说"与其坐而议，不若起而行"。审查会最后建议"原则通过，抓紧初设"。1984年2月，国务院批准了这个方案，并决定在84年内开工，为减少移民困难，将有关地区组成"三峡特别行政区"（后又改为筹建三峡省），和筹备成立"三峡开发总公司"。此后各项筹备工作紧锣密鼓地进行，三峡工程似乎真的上马有日了。

但是这一决定立刻引起巨大反响。首先是一些政协委员、社会知名人士和个别领导同志仍然反对修建三峡，他们仍认为投入太大，问题很多，效益可疑，反对草率上马——至少推迟到下世纪再说。其次重庆市和交通部也反对"150方案"，要求提高蓄水位，使万吨船队能直航重庆。其他形形色色的意见不胜枚举。一时间形成相当气候的反对意见。1986年6月，国务院发出对三峡工程进行补充论证的通知，一切准备工作也都停止，看来党的第二代领导已感到对三峡工程的决策非同小可，决定将决策过程分为三个层次进行：①由水电部组织全国专家进行深入研究论证，重新提出可行性报告；②由国务院组织专家进行审查，提出审查报告提交中央；③提交人大审议批准。

于是水电部重新聘请了412位各专业的专家，成立了14个专家组进行新的论证。加拿大政府和世界银行对三峡工程极感兴趣。经中、加两国政府商定，由加方出资，聘请国际上的著名咨询公司在世界银行指导下进行独立的可行性研究❶。重新论证工

---

❶ 世界银行为此在各国聘请了专家，成立指导委员会，作者被任命为首席专家。

作从 1986 年 6 月做到 1989 年 2 月，专家组最后认为：三峡工程应建、早建；不存在不可解决的技术、生态和投资上的问题；正常蓄水位应提高到 175m。绝大多数专家赞同这一结论，只有 9 位专家拒绝签字。加拿大的论证结论大同小异，但为了减少移民量，他们推荐的蓄水位为 160 米。长办根据专家论证结果重编了可行性报告，预定在 1989 年内提交国务院审查，三峡工程的前途，似又出现曙光。

接着就发生了众所周知的"六四风波"。三峡工程又被贴上政治标签。风波虽很快平息，三峡工程却又被打入冷宫。一位国务院领导宣布：在最近期内，不会考虑修建三峡，也不必再为此争论。三峡工程竟会像股票行情那样大涨大落，真使人难以置信。我在听了那位领导的讲话后，不由从心底里发出一声长叹："三峡梦，你可真长啊"。这天晚上，我就做起光怪陆离的梦来。

长江洪水——惨绝人寰的浩劫

我原先对长江洪灾的印象不深。为了论证需要，读了一些史料，看了一些旧电影片，心中就像蒙上一层阴影，一入睡就先做起洪水的噩梦来。

我梦见自己坐着时间机器，穿过冥冥的时空隧道，飞回到同治九年（1870 年）农历五月的宜昌城头。啊，为什么长空漆黑如墨？原来整个四川和湖北大地都笼罩在强大的暴雨云团之下。那雨，倾盆倾缸、无休无止，百川千溪，直泻长江。从三峡吐出来的滔滔巨浪，直扑两湖。江水日升夜涨，4 天之内长江的流量就从 4 万猛涨到 10 万以上。城里乡下，不论是官吏百姓、富豪贫民，都面如死色，烧香磕头，祈求上苍开恩。

可是苍天并不容情，"不好了，大水进城了！"半夜里突然锣声四起，全城顿时乱成一团。我混杂在哭爹喊娘、拖儿带女的逃难人群里，拼命奔跑。可是两条脚又怎能逃得出这全城灭顶之灾呢！一个巨浪打来，我被卷入浊流之中。等我再睁开眼，自己已在空中飘荡。我明白自身已成为百万冤魂之一。低头一望，滚滚江流，无际无涯，南扑洞庭，北吞江汉，以排山倒海之势，席卷着一座座城市和一片片乡村。江湖已连成一片，什么江陵故郡、公安新城，什么松滋、石首、监利、嘉鱼、咸宁、安乡、华容……全都消失了。衙署、民房、寺观、牌坊统统倒塌。汪洋巨浸中偶尔露出几处塔尖房顶，飘来几艘挤满难民的诺亚方舟……逃得性命的官儿连夜给万岁爷上奏折："……此诚百年未有之奇灾……"恳请朝廷赶快放赈救灾。

我不忍再看下去，赶紧钻进时间机器。这一次我飞进了 21 世纪，中国已是繁荣昌盛一片兴旺景象了。不幸的是，一百数十年前的天灾正在重演。连日来，报纸上用头号大字刊登着令人揪心的消息：

"长江全流域普降暴雨"，

"长江水位猛涨，百万军民紧急出动抗洪"，

"长江防汛形势危急，中央召开紧急会议，号召全国人民动员起来，抗洪救灾"，

"中央决定明晨开闸分洪，命令分洪区内百万居民紧急撤离"，

……

为了保帅，只得弃车。丰收在望的四大分洪区顷刻化为一片汪洋。飞机船只紧急出动援救被困灾民。不幸上游暴雨仍不断倾泻，分洪仍缓解不了从三峡喷吐出来的滚滚洪流。中南海里通宵灯火如昼，告急信息像潮水一样的涌来。这时，我听到有人绝望而后悔地喊道："如果有一座三峡水库，削掉一点洪峰，我们就有回天之力了！"可是，一切都已无法挽回。洪水先冲破南岸口门，江湖随之连成一片。百余年的沧桑变化，这些地区已普遍淤高，洞庭湖也所剩无几，尽管十余座城市已埋于水底，也容纳不了多少水量，不久北堤也告溃决。顷刻间，百万生灵和百年社会主义建设成果——良田沃土，高楼大厦，工矿油田，铁道公路……都像幻影般地消失了。

我遍身冷汗地惊醒过来，有谁能忍心去想象这样一场人间惨剧呢？这就是为什么中国的水利工程师和党政领导对三峡工程如此锲而不舍、无论蒙受多少误解委曲总不甘罢休的原因。多少同志为了要实现这个理想献出了全部青春和才华，直到赍志而殁。对于这样的志士仁人，如果斥之为好大喜功、树碑立传、欺上压下、造孽子孙，甚至是为了迎合上级失去了良心和大脑……，我总觉得有点"残忍"。

我想，任何一个中国人都不会愿意在神州大地上发生这样的浩劫，也不会反对采取些措施防止出现这种灾难吧，分歧到底在哪里呢？

第一，1870年洪水是极为罕见的灾难，防洪标准不必如此之高。但是，在晚近数百年间，长江枝城站流量超过8万 m^3/s 的已有8次，其中超过9万 m^3/s 的有5次，1860、1870两年还连续发生了10万 m^3/s 以上的洪水，而下游的安全泄量却仅为6万 m^3/s。对这种影响全局的灾难，为什么不应多考虑一点呢？

第二，长江洪水峰高量大，组成复杂，靠三峡水库拦蓄解决不了问题。这话很对，要解决长江洪灾，必须综合治理，在工程措施上，要三管齐下（增大河道泄量、设置分洪区和兴建水库调蓄）。正如鼎的三足，我们怎能指责光靠一只足不能支鼎从而要排除它呢？更有甚者，则说有了这只"足"，水灾将更加严重。恕我无礼，这倒真有些欺上骗下的味道了。

第三，三峡虽好，投入太多，无力兴建。确实，防洪工程效益再大，仍属于减灾性质，要完全依靠国家的水利基建经费来负担，是困难的。但三峡枢纽恰好具有举世无双的发电能力，依靠它，工程建成之次年，就是还清本息的时候，这才使修建长江防洪水库的梦想能够实现。这也是水利和能源两支大军走到一起来的原因。

说到三峡水电站，我的眼前不禁浮现出一幅诱人的光明景象。

一座抽不干的油田，采不完的煤矿

翻开中国的能源资源分布图，北方有煤；西南有水；东北西北有油；最贫乏的就是华东、华中、华南这块大地。而三峡这座世界上最大的水电站正坐落在这片广阔富饶、潜力无穷的土地边上。家门口有如此丰富的清洁、廉价、可再生能源，又怎能不令人欢欣鼓舞而产生开发利用之情。要知道水力资源不加利用就白白消逝了，而煤和石油埋在地下是不会丢失的。三峡水电站连同她的组成部分葛洲坝水电站，每年发电约1000亿 kW·h，相当于5000万 t 原煤或2500万 t 原油。让三峡的水空流百年就等流失了50亿t原煤或25亿t原油！"三峡滔滔年复年，资源耗尽少人怜"，中国水利界元老汪胡桢先生把这两句诗吟唱了32年，直到他恋恋不舍地离开人间。我想，如果在能源如此贫乏的地区，埋藏着一座抽不干的巨大油库，一座采不尽的巨大煤矿，谁也不会反对尽快开发吧，可惜，它不是煤，也不是油，却是个灰姑娘——水电。

但是灰姑娘实在太迷人了。三峡水电站的容量相当于10座大亚湾核电站，每年能发电847亿kW·h，这是1949年全国发电量的20倍！她一年上缴的利税就可以兴建一座葛洲坝枢纽！每千瓦时电能创造的产值如以4元计，她每年可为国家人民创造3300亿元的财富！而且它还是无污染的清洁能源，这样宝贵的资源怎么能让它长期付诸东流呢？

我曾多少次梦见宏伟的三峡水电站已矗立在西陵峡里，水电站落成剪彩典礼正在隆重举行。礼炮声中，国家领导人按动电钮，几十台世界上最大的水轮发电机徐徐启动，两岸厂房下喷出滔滔白浪，开关站上金光闪闪，强大电流源源不断地送往如饥似渴的电力网中。参与盛典的各国贵宾齐声喝彩鼓掌，我却禁不住热泪盈眶，几代中国水利工程师的梦想实现了，汪胡桢老人在地下含笑瞑目了，从此以后人们再也不会年复一年地哀叹"长江滚滚向东流，流的都是煤和油"了。

接着我又进入更迷人的梦境。三峡水电站已和金沙江上巨大的水电站群联成一体，组成了世界上最伟大的水电基地。几十条超高压线路奔向东方，真正实现了西电东送的战略布局。三峡水电站已和华中、华东、西北、华北、西南、华南各大电网联成全国性的世界最大的中华电网，社会主义祖国的电力工业已跃登世界顶峰。这个成就已远远超过孙中山、萨凡奇的梦想水平，也不是毛主席挥毫写下"更立西江石壁，截断巫山云雨"的境界了，谁说这个梦境不会实现？！

乘缆车和坐电梯的哲学

蜀道难，难于上青天！

富饶的天府之国四川，被重嶂叠峦团团围住，只在东面被长江切开了一个缺口——三峡。自古以来长江就成为出川入蜀的重要通道。可是长江在切开三峡时留下无数个急流恶滩，就如千百把钢刀列布江上，使这条生命线同时也是一条死亡线。

我梦见自己坐在小木船中，循着川江逆流而上，长江洪水汹涌澎湃而下，通过急滩时卷起了千堆雪、万重浪。纤夫和舵工的汗水和嚎喊，推动了小船艰难地前进，挣扎了一天，啊，怎么还在离昨天不远的地方？我不禁喟然长叹："朝发黄牛，暮宿黄牛，三朝三暮，黄牛如故！"

出川时，我实在不愿再坐小木船了。听说洋人不信川江有那么难走，成立了轮船公司，我赶紧买了票，上了这条"瑞生船"。洋轮船果然神气，汽笛一吼，声传十里，鬼子船长和大副趾高气扬，冲滩下行，兴许洋人还真行。

船驶近崆岭滩了，"青滩泄滩不算滩，崆岭才是鬼门关！"只见江心一块大石，刻着"朝我来"三个大字，洋人鼓轮往右汉驶去，一位中国老水手赶紧上前：

"大人，要过崆岭滩，船头要对准石头驶去！"

"把船头对准石头撞？放屁！滚开！"洋人光火了，老水手退了下来，脸色铁青，对旅客说：

"我们都没有命了，大家各自逃生吧。"

那船在惊涛骇浪中上下颠簸，左右摇晃，驶进急滩后，洋人再也控制不住，只听见一声巨响，轮船撞上岩石，化为齑粉。第二天，老百姓捞上好些尸体，江边白骨塔里，又添上了新的冤魂。

然后我又仿佛看见在解放后的岁月里，人们冒着生命危险，炸礁整滩，造船设标，川江航运展现了新的局面，加上葛洲坝枢纽的建成，使得千百年来谈虎色变的"黄牛峡"、"滟滪堆"、"朝我来"……成为历史遗迹。然而从宜昌到重庆的 600km 航道中，还有 34 个单向航段，12 处绞滩站，大一点的船舶依旧不能上溯。

最后我梦见三峡工程建成了。我乘着华丽的客轮，直驶重庆。进入西陵峡，但见大坝锁江，高塔凌天。一座难以想象的巨大电梯，把整艘轮船迅速提上坝顶，眼前展现了波平如镜的深水航道。我还看到满载货物的万吨船队，正在鱼贯通过五级船闸。回忆当年航行川江的艰难险阻，真有隔世之感，川江，真正成为黄金水道。

修建三峡工程能振兴航运似乎是明摆的事。可是意见仍然分歧。有些同志坚持"利少弊多"、"是碍航不是便航"，甚至"三峡建库将使航运中断"！

为什么呢？道理也很简单。长江本来百舸争流，建了坝斩断长江，当然是碍航；逼着船只去钻狭窄的船闸，当然是碍航；过闸要排队等候，闸门还会出事，不仅是碍航，还会中断航运，给国家和子孙造孽了。

这一套理论又使我如堕梦幻。筑坝就会碍航？那么美国密西西比河水系一定是受罪最深的了。因为愚蠢的美国人在其上修了那么多碍航闸坝，使它的通航量从微不足道提高到每年数亿吨的水平。真是混乱的哲学！排队过闸当然是碍航了，但过闸所花的几十分钟的时间，换来的是 600km 的畅通航运和十多个小时的航程节约，这里的得失竟如此难判么？排队上缆车登泰山或乘电梯上高楼不是人人都这么做的么？似乎没有人指责缆车或电梯妨碍登山上楼，我多想和持异议的专家们商讨一下缆车或电梯的利弊得失呀！

世 纪 圆 梦

接着，我又做了许许多多的梦。

我梦见一个帝国主义国家的战争狂人，策划用核弹轰炸三峡大坝，迫使中国投降，为此，在他们的最高军事会议上争论不休；

我梦见一个自称为"国际生态环境法庭"的组织，将我判以空前重刑，罪名是我不顾世人反对，竭力鼓吹修建三峡工程，给地球的生态环境造成毁灭性破坏，贻害千秋；

我还梦见与人反复争辩"养大一个儿子究竟要花多少钱"的问题，因为这和要算清建成三峡工程要花多少钱的性质是一样的；

……

从梦境中，我发现不少人认为：

炸毁三峡大坝会使半个中国受淹，三江两湖人民尽成鱼鳖，修建三峡工程将使三峡景观永沉水底，珍稀物种灭绝，滑坡地震不绝，长江驼背，两湖平原尽化沼泽，三峡工程的投资是个无底洞，非国力能承担，将引起物价飞涨，经济崩溃，……等等。

但这些想法，离开事实有多远！

梦无论做得多长，总有醒时，我做了一连串的三峡梦，终于醒了过来。中国人做了近一个世纪的三峡梦，最终的结局究竟是梦断天涯、千秋遗恨，还是梦圆神州、皆大欢喜呢？

在80年代末发生政治大风波，并把反对或赞成三峡工程作为判别有没有良心的准则后，许多关心三峡建设的人，都认为经此风波，三峡工程的建设至少得后延5年、10年。既然三峡工程在风波中被抬到那样的高度，反对声势又那么强大，共产党和政府为了稳定大局，恐怕只能再往后延吧。这一延迟，也许三峡工程就被判了死刑，库区的命运总不能这么不明不白地永久拖延下去呀。

这一看法确有道理。当年国务院领导人向邓小平汇报时，就讲过这样的话："从技术、经济角度上看，三峡工程是可以上的，但反对的人太多，上了恐怕有政治问题。"

邓小平的回答十分干脆："首先要看三峡工程应不应该上，能不能够上。如果应该上，能够上，上，有政治问题，不上，也有政治问题，而且问题更大！"

形势的发展比人强。中国迅速恢复了稳定，经济腾飞发展，综合国力空前增强，在这样的情况下，局势就急转直下。

1990年7月，仅仅在"风波"平息后一年，国务院就召开"三峡工程论证汇报会"。国务院、中央政治局、中顾委、全国人大、全国政协的领导，各民主党派的负责人，26个国务院有关部、委的部长、主任，105位各方面各阶层的专家代表，以及三个全国性学会理事长和湖北、四川、重庆的省市长，共同听取了我所作的三峡工程论证经过及结论的汇报。75位同志做了大会发言，或书面发言，各种意见得到充分反映。姚依林副总理在总结时肯定了论证工作的科学性、民主性和可靠性，认为比以往任何其他工程都做得深入细致和精确。明确认为所提交的《可行性研究报告》可以组织审查。会议结束时，国务院成立了"三峡工程审查委员会"，由4位国务院领导负责，22个部、委、局、院的负责同志担任审查委员，对《报告》进行严格审查。

1990年10月至1991年8月，"审查委员会"用了10个月时间，聘请了163位专家（多数未参与论证工作），分10个专题对《报告》进行预审和集体审查，形成审查意见，其结论是：

"审委会一致同意《报告》提出的基本结论：兴建三峡工程的效益是巨大的，特别对防御长江荆江河段的洪水灾害是十分必要的、迫切的；技术上是可行的，经济上是合理的；我国国力是能够承担的，资金是可以筹措的；无论从发挥三峡工程巨大的综合效益，还是从投资费用和移民工作的需要来看，早建比晚建都要有利。"全体审查委员都签上了名。

1992年3月16日，根据上述审查意见，李鹏总理向七届全国人大第五次会议提交了《国务院关于提请审议兴建长江三峡工程的议案》。全体代表经过分组审议，于4

月 3 日下午进行表决。2600 多位代表按下电键，投了神圣的一票。表决结果，1767
票赞成，177 票反对，664 票弃权，通过了一项历史性的决议。当年连毛泽东都不敢决
策的事，在他身后 16 年由人民做了决定。从此，长达 40 年的三峡规划论证工作有了
结果，画上了句号，进入了实施阶段。

1993 年 1 月，国务院成立了"三峡工程建设委员会"，全面领导和组织三峡工程
的实施，还成立"中国长江三峡工程开发总公司"，作为建设和经营三峡工程的业主，
进军工地，开始施工准备。

1994 年 12 月 4 日，李鹏总理亲赴工地，正式宣布三峡工程开工，一期工程全面
启动。

1997 年 11 月 8 日，胜利实现大江截流，震动全国全球。

1998 年汛期，二期围堰竣工，而且经受了 8 次大洪峰的考验，固若金汤，滴水不
漏。基坑排干了水，千年江底重见天日，大坝和厂房的基础混凝土开始浇筑。

图 2-4-2　三峡工程在建设中

1999 年，施工进入高潮，混凝土年浇筑强度达 450 万 m^3 创世界纪录。

2000 年，混凝土年浇筑量将达到难以置信的 550 万 m^3，拦河大坝和从山上深挖
出来的五级船闸渐具雏形，上千名国际大坝专家将慕名前来考察参观。

预期，2003 年首批机组投产，永久船闸通航，工程开始发挥效益，2009 年工程竣
工，将发挥全部效益。

世界上最大的水利枢纽，人类治河史上的奇迹，中国人民梦寐以求的三峡工程，
正在从梦境化为现实。但是，有关三峡工程的功过得失的辩论，不会随工程的实施而
停息，可能还将持续 100 年，由实践来做出结论。

第五章

国际反坝俱乐部的宣言和中国人民的态度

第一节　ICOLD 和 ICALD

本书以前经常提到国际大坝委员会（International Commission On Large Dams，简称为 ICOLD，法文简称为 CIGB）这个组织，在这里我们打算稍微详细的介绍几句。

ICOLD 是个国际性民间学术组织，不以盈利为目的，成立于 1928 年，以交流、研讨和促进坝工技术为宗旨。ICOLD 由所属的几十个"国家委员会"组成，目前已有 80 多个国家成立各自的大坝委员会为其成员。中国是在 1974 年成立中国大坝委员会并加入 ICOLD 的。ICOLD 还设立 20 来个专业委员会，由各成员自愿参加，开展活动。

ICOLD 设有主席 1 人，副主席 6 人，任期 3 年，由各成员国提名选举产生。ICOLD 设有一个中心办公室，因历史因素，常设于法国巴黎。另有秘书长一人，主持工作。我国李鹗鼎、沈崇刚先生都担任过 ICOLD 的副主席，张津生是现任副主席之一。

ICOLD 举行的学术活动有：每年举行一次年会和学术讨论会，至今已举行了 66 届。每 3 年举行一次全会，在会上讨论 4 个预选的专题，至今已进行了 19 届。出版大会论文集、各专委会的专题报告以及其他文献，这些文献具有一定的权威性。年会和全会在各国轮流举行，各会员国组团参加。会前会后组织各国代表团进行有目的的专业参观和考察。我国在 1987 年承办过 ICOLD 的 55 届年会（香山会议），并将于 2000 年承办 20 届全会，预计将有 1500 名各国坝工专家与会，这将是一次国际坝工界跨世纪的盛会。

ICOLD 主要研究高度 15m 以上的水坝，其中中国有 21000 座，占全球的大部分。在初期，ICOLD 研究的专题偏重于讨论大坝和有关建筑物的规划、设计、施工、运行和维护等方面的技术问题。60 年代以后，逐步转向水坝的安全、水坝的监测、水坝的老化、对老坝的重分析和更新，以及水坝对环境的影响。80 年代以来更注意到水坝的造价、筹资、国际河流开发以及公共关系等问题。总之，ICOLD 研讨的重点逐步从纯技术问题转向大坝安全监测、消缺补漏、老化更新、环境影响、国际合作、筹资还贷和公共关系等领域，这也反映了外界对建坝的关心和看法的变化。

数十年来，ICOLD 以其卓有成效和有益的活动，成为一个较活跃和有影响的国际学术组织，为各国工程界、企业界和金融界所知。但是，大概很少有人知道，在 ICOLD 之外，国际上还有个小小的 ICALD（国际反坝委员会）呢。此外还有类似的小团体，如"国际导向"（International Probing），等等。他们的一条主要宗旨，就是坚决反对建水坝，并尽一切努力来阻挠、破坏世界各国的坝工建设。他们的人数不多，能量不小，后台有人。本书作者担任中国大坝委员会副主席和主席近 25 年，曾多次率团出席 ICOLD 会议，因而对这一"反坝俱乐部"和一些"反坝分子"有过些接触，并饶有兴趣地对他们的言行、活动和成员做了些分析。

图 2-5-1　中国代表团在 ICOLD 会议上

1988 年 ICOLD 在美国旧金山举行 16 届大会，一个自称为"国际反坝委员会"（ICALD）的组织，在大会的展区租了个展台，立起标语牌，要求与 ICOLD 辩论，对此，ICOLD 不予理睬。

1991 年 ICOLD 在奥地利维也纳举行 17 届大会。他们变本加厉，雇用了一些学生和年轻人，在大会场门口摆摊示威，还学中国"文化大革命"中的做法，在标语牌的大坝上打上大红叉。他们的口号是"让江河自由奔流"（Let the rivers flow freely），和"不要大坝"（no dams）。这些出头露面的人其实多数是些不懂事的青年，为了每天挣数十美元花花来打工罢了。我曾平心静气地问过他们："你们反对我们建坝开发水电，你们也反对我们建火电和核电，认为污染环境和不安全，那么我们从哪儿去取得发展经济和提高人民生活必需的能源和水呢？"他们指着标语牌回答说："我们相信你们科学家和工程师有足够的聪明智慧来开发替代能源"——把球踢回给我们。至于科学家和工程师有没有他们想象中的那么聪明，他们是不管的。

以后的情况逐渐严重起来。一些学者以至一些名人也卷了进去，大谈特谈水坝（例如埃及的阿斯旺高坝）的滔天罪行。那个"国际导向"组织还宣布中国的三峡大坝是"世界上最大的坟墓"，他们甚至宣称要把中国的总理送上他们的法庭受审。

1997 年，他们在 ICOLD 的 19 届大会上（于意大利佛罗伦萨举行）散发了所谓"库里蒂巴宣言（Declaration of Curitiba）"。据说是由 20 个国家中受建坝影响的受害者于 3 月 14 日在巴西库里蒂巴城聚会，通过了这个宣言。

这篇奇文很长，我们不想逐字照译，但可以说说大意。

宣言说：任何地方的水坝都要强迫人民从他们的家园迁移，淹没肥沃的土地和森林，破坏渔业和清洁的水源，引起社会和文化的中断和经济的枯竭。

图 2-5-2　与受雇佣的"反坝分子"在一起（图中右 2 为作者）

宣言认为，建坝的造价总是比预期的多，发电和灌溉效益总比预期的低，甚至加剧了洪水灾害。水坝只对大地主、农业企业家和投机者有利，而掠夺了小农、农业工人、渔业主、土著和传统的群落。

宣言说，他们要和共同的对手：有权势者、国际金融机构、多边双边融资公司、水坝施工商、设备制造厂、咨询公司和用电大户作斗争。

宣言指责建坝的决策都由技术人员、政治家和企业家做出，他们都通过建坝而增加权力与财富，而受害人被排除在决策之外。

宣言相信，有必要和可能使建坝时代宣告结束，可以找到新的途径，解决可持续的能源和水的供应，为此要实行真正的民主，增加透明度，削减政治权力。

宣言号召要进入一个人和自然间不再是只追求利益的市场社会，而是一个尊重差别、民族地区和国家间公平公正的社会。

宣言宣称：

（1）赞同 1992 年的里约热内卢宣言；

（2）反对修建未通过一定程序、得到受影响人民同意的水坝；

（3）要求各政府、国际金融机构立刻停止建坝，直到：

1）停止对受害人与反坝组织的暴力与威胁；

2）与数百万受害人协商赔偿条款；

3）采取措施重建被水坝损害的环境——直到拆除水坝；

4）受影响的土著、部落的权利得到充分尊重，必要时也将拆除水坝；

5）成立一个独立的国际委员会全面复核由国际资助修建的水坝，并要由受害者国际运动的代表参加监督与批准；

6）各国资助建坝的组织也要进行独立、全面、综合复核，也须由受害人组织的代表参与；

7）能源及水资源政策要利用现代科技贯彻可持续发展的技术与管理，制止浪费、公平分配。

宣言不认为私有化是解决水和能源领域内腐败、低效的办法，而要民主、法规和有效的公共管理。

宣言说，近年来他们已显示了力量，占领了坝址的办公楼，在村镇城市中游行，拒绝离开土地——尽管面临了威胁和暴力。他们揭露了坝工界的腐败、谎言和伪承诺，他们和其他反对破坏性建设的人以及为人权、社会正义和停止破坏环境努力的人团结战斗。他们是强大的、团结的、正义的，他们已制止了有破坏性水坝的建设，迫使建坝者尊重他们的权利，在今后将做得更多。

宣言宣称他们要加强对有害大坝的战斗，从印度、巴西、莱索托的乡村到华盛顿、东京和伦敦的议事大厅，他们将迫使建坝者接受其要求。

宣言最后说，为了加强这一运动，他们将建立和加强地区和国际联络网，并宣布，今后将 3 月 14 日"反坝斗争巴西日"升格为"国际反坝活动日"，宣言的压轴口号是：

水是为了生命，不是为了死亡。

这些反坝活动并非没有影响。近年来，一些发达国家的坝工建设明显萎缩，除了受资源开发程度和市场需求的制约外，反坝势力的活动，无疑也起了作用。例如，某西方国家拟建一座水坝，自然条件和效益都很好，但库区内有几头鹿。尽管水库库尾离鹿的憩息区尚远，但由于未能"确切证实"建坝不会对鹿的生活环境有任何影响，整个工程只能无限期的停顿，要到鹿爷爷和鹿奶奶认可后才能考虑。

但是，反坝俱乐部的主要矛头是指向发展中的国家的，因为毕竟今后建坝最多的地区正是这些欠发达的国家。"宣言"中"人权"、"民主"、"社会正义"、"政治权力"、"土著"、"部落"等字样，清楚地说明了矛头所指。水坝既然被他们描绘成如此的十恶不赦，给人类的社会、环境带来如此深重的灾难，发展中国家今后还能不能建坝呢？这个问题确实深深触动了水利工程师特别是第三世界水利工程师的灵魂。面对世界上有那么多的高层次人士都认为水坝是怪物、坟墓和不可挽回的灾难后，前国际大坝委员会主席、南非著名水利专家罗布罗克（Theo van Robbroeck）在一次演讲中痛切地提出了大坝和水库是祸害还是福利的问题。他说：他在南非为了水资源开发和管理已耗费了 40 年的精力。他问道，他的精力以及世界上一切水利工程师的毕生努力都是无效的吗？是造成的灾难比效益还多的吗？是给世界上留下更好的条件还是帮助破坏了环境？坝工界的人都是为了"私利"而干活的吗？

要回答罗布罗克先生之困惑，就必须分析建坝究竟给人类和环境带来了什么灾害。

关于水坝带来的副作用在上两章中已反复解释和介绍过，在这里不妨再归纳一下。中国人是喜欢凑整数的，谈起风景一定要西湖十景，弹劾奸臣必须是十大罪状，乾隆皇帝要自号十全老人，但我们算算水坝的罪恶，十条是远远不够的，为了防止遗漏，干脆巨细兼收，凑成 20 项，列举如下：

（1）淹没大量土地、森林；

（2）动迁居民；

（3）影响陆生和水生生物、特别是珍稀物种；

（4）水库表面蒸发损失；

（5）水库内泥沙淤积；

（6）影响景观和旅游点；

（7）诱发地震；

（8）引起库岸滑坡；

（9）淹没文物、古迹；

（10）影响人群身体健康（滋生蚊蝇害虫）；

（11）影响局地（局部地区）气候；

（12）恶化水质、改变水温；

（13）影响渔业；

（14）下游河道发生冲刷、河口海岸侵蚀；

（15）清水下泄，减少下游水中肥分；

（16）引起下游农田盐碱化；

（17）引起下游农田潜育化、沼泽化；

（18）施工弃渣、废水引起污染；

（19）妨碍通航；

（20）垮坝风险。

以上还只是大条目，如果要细分，可以拆成一百几十条，再则，有些条款可以引起附带的影响。例如移民一条，如果居民不愿迁而被迫搬走，就犯有侵犯人权之罪；迁移以后，如果在生产建设、垦荒开地中有失误，又会引起生态破坏、水土流失恶果，水库内的淤积，可能妨碍通航和加剧上游城市的洪灾等。这些都在这里交代一下。

各座水库的条件、情况很不相同，所以它们产生的副作用也各不相同。有的水库对某些项目的影响特别严重，而对其他一些项目则无显著影响或不严重，有些则反之。有的水库在建设前就对副作用做了研究安排，或在事后采取了补救措施，有的则不尽然。同样一种影响，也有轻重之分。例如对生物的影响，如果只影响普通动植物，就不会引起人们太大的反感，如果影响到珍稀物种，问题性质就不同，如果要使某种珍稀物种灭绝，则必然引起全球的关注和公愤，不把问题解决好，工程是不能兴建的。

副作用中还有可逆不可逆、能补偿不能补偿的区别。例如，一般认为土地的淹没就是不可逆转的损失，而渔业损失则就有条件采取措施进行补偿。

最后，每座水库总同时起有正负作用，即既有功也有罪。有的水库功远大于罪，有的功罪相当，有的功不抵罪。所以要公正地评论一座水坝（水库）的功过得失，也不是件容易的事。

由于以上原因，参加"反坝俱乐部"的成员也来自各方，实际上是个"统一战线"，各人矛头指向也不尽相同。大体上讲，可认为在这个俱乐部中有三类人士，第一类是深受"坝害"、有切肤之痛的人，主要是被迫迁移而又没有安顿好的移民。第二类是忧世忧民的环境保护主义者。第三类则是一些政治家和幕后策划人，弄清这些情况后，我们才能有的放矢地分析问题和答复问题，正确选择自己国家的发展之路。

第二节　发展中国家的态度——不能因噎废食

不少水坝在兴建后，确实产生了某些罗列上的副作用，特别是移民和淹没损失。既然要修坝建库，多少总要淹一些地，迁一些人，少则数亩、数人，多则十几万，甚至像三峡工程那样"百万人民大迁移"——这恐怕将成为空前绝后的吉尼斯纪录。

土地是宝贵的，淹没后成为"不可逆转"的损失，这道理大家也明白。但放开来想，世界上总的趋势是湖泊消亡，如中国的湖北省，昔号千湖之省，已被围垦占用殆尽，八百里洞庭也萎缩成为一条盲肠，遭到全国人民的抨击，而要实行退田还湖政策。既然如此，化一部分地为水库是否也可聊作补偿？如果淹的地多为荒坡低产地，而可使下游大批荒滩转化为良田沃土和生产生活基地，可改造上下游大批低产田为旱涝丰收田，可在库内大兴渔业，这笔账就更得一算，似乎不能简单以"不可逆转"四字封杀。

更大的问题是移民。多数人总是安土重迁，特别是中国的农民，要他们放弃留有祖辈血汗的土地外迁到命运不定的陌生之处，总是不愿的——除非日后事实证明他们确能因此脱贫致富。如果当局者不安排好足够的补偿和良好的新环境而采取简单粗暴的方式，那更将给移民带来苦痛和灾难，他们的境遇是值得同情的，他们的要求是正当的，应该认真听取。

要说在移民工作中走弯路、有失误，最严重的还要算中国，因为新中国成立后有整整 30 年是在计划经济体制下和"左"的路线影响下度过的。作者写到这里，不禁想到自己参与和主持设计的号称中国第一座大型水电站和水库——新安江工程的经历。

为了修建这座水电站，当年曾付出淹没两座县城（其中有一座还是海瑞当过知县的名城淳安）、二十多万亩农田和动迁十多万人民的代价。在初期，我们也做了详尽的移民规划，安排了充裕的经费（平均每人 478 元，按购买力和能起的作用衡量，超过今天的万元），还在坝址下游修建起示范的移民新村，先把上游的茶园镇人民动迁来此作试点。报纸上登满了笑逐颜开喜迁新居的老大爷的照片，如果按此做下去，即使不能尽善尽美，也决不至发生以后的灾难。但是进入"大跃进"后，人们特别是上层的大领导好像都得了狂热症。我清楚记得一位副省长躺在沙发上，跷起二郎腿对人们进行开导——也是下命令：

"……要跟上形势、大跃进嘛……创造奇迹，西方世界 20 年办不到的事，东方的中国能在一天内办好！……要多快好省嘛，要用修一个电站的钱修 4 个工程，要相信人民对社会主义事业的热情和创造力，不要做拦路石……"

于是，移民经费被砍到不到 1/4 的程度，就是这点少得可怜的钱也多用来修建楼堂馆所了。老百姓怎么办？学长征！编成营、连、排，实行大行军，千家万户挑上一副扁担，步行到千里外的江西去垦荒，反正水库的水一涨上来不走也得走。在水库蓄水前夕，我曾去过库区，那简直像面临大瘟疫或大战役的前夕，遍地狼藉，一片混乱和凄凉。只要你扛得动，绝对可以花几块钱买一口大棺材，背回来享用。这惨况像利刃刺入我的胸膛，永难遗忘，而且我确认这不是解决问题的办法。果然，两三年后，无法在外地扎根的移民大批返回，回到水库边，搭起一些简易窝棚过活，抵死不离。年轻的在工地游行，要求"炸掉大坝，还我家园"，还要抓"打图样的"（设计人员），我们只能逃上山躲避……。我们确实对不起移民，如果我当年是彭德怀的秘书，一定可以把"万言书"写得更动人心魄一些。

欠债是要偿还的。新安江工程建成后，党和政府一直在补偿这笔欠债，花了几十年时间和计算不清的经费才基本上还清了债。其他水库工程恐怕多少也存在过一些问题。至今人们在遨游于烟波浩渺景色无穷的千岛湖上时，不能不记住十多万移民做出的贡献和我们走过的弯路。

除了移民问题外，有些水库确实还产生过其他严重问题：水库的迅速淤积，诱发了水库地震，甚至危及大坝安全，引起了岸坡崩坍，妨碍了通航，污染了环境等。这些都是客观存在的事实，不容否认，不能轻视。但应该怎么面对这些事实呢？是否可以以偏概全，不分析功过得失，不理睬已经采取的各种措施和已经取得的成绩，从根本上否定控制和调节河流的必要性，把水坝一棍子打死，"斩尽杀绝"，叫嚷要让河流自由奔流呢？

这使我们想起中国的一句俗谚："因噎废食"。人活着总是要吃饭的，在亿万人吃饭的过程中，总是会发生点意外的：磕了牙，咬了舌，噎了喉等。吃进不洁、有害的东西中毒、发病以至丢命的事更是不胜枚举，病从口入嘛。但从来没有人愚蠢到因此反对人们吃饭。即使将来发明了人可以直接从太阳光中摄取营养，我想人类也不会放弃进食的乐趣和饮食文化的。像第四章中所述埃及的阿斯旺大坝，曾成为不知多少人攻击的对象，并作为祸害的铁证。他们津津乐道，建坝后沙丁鱼减产了多少，海岸线退缩了多少，下游河道中肥分减少了多少，土地盐碱化了多少……，但不愿提一下它使埃及的耕地和粮食成倍增加的事实，更不愿说一说在非洲两次特大连续干旱中，阿斯旺水坝救了多少埃及人民生命的事，这难道是公道的吗？

中国人民在建坝过程中同样走过曲折的道路，有过重大的失误，发生了本可避免的不利影响，像前面举过的移民困苦，水库淤积，航道受阻甚至大坝失事等情况，教训是沉重的。但更重要的是，几十年艰苦的水利建设，几万座水坝和水库为中国以少量耕地养活 12 亿人口、为防止大江大河在洪水期溃堤出事、为保证城市和工业用水、为提供 7000 万 kW 的清洁再生能源做出了不可磨灭和不可取代的贡献。而且，通过总结经验教训，不断提高认识水平和科技水平，使兴利除害过程中尽可能减免副作用，许多方面已达到了国际先进水平，否则，国家不会批准兴建三峡水利枢纽的。因此，我们的意见是：要亡羊补牢，不要因噎废食。

反坝俱乐部中另一批成员是强烈的甚至是偏激的环境保护主义者，其中有一些非常著名的学者和科学家。

多少世纪来，人类对大自然只知索取、只知利用、只知糟蹋而不重视保护。到了 20 世纪末，已处处呈现危机。人们这才警觉，发出了要保护生态和环境、要走可持续发展的道路和为子孙留下一块干净土的呼吁。这些呼吁和主张无疑是正确的，谁愿意自己或子孙生活在污染严重、满目疮痍、像沙漠一样的星球上呢。

但是真理多走一步就会变成谬误。如果强调环境保护到了不允许开发资源和改造自然的程度，到了不允许贫困的人们提高自己生活水平的地步，那它的正确性就值得研究一下了。举个例子，如果为了保护一些猴子而必须要求以人们过着猴子一样的生活为代价，那么这些猴子究竟值不值得保护或者是否可以采取另外一种保护的方式，就必然要被提上议事日程。

代表环境保护主义者反对建坝的一本典型著作就是高尔德史密斯（E. Goldsmith）和希尔德亚德（N. Hildyard）两人所著的《大坝对社会和环境的影响》（The Social and Environmental Effects of Large Dams）。从书中所述可以看出，他们并不仅仅反对建坝，实际上他们反对一切开发利用水资源的工程。说到底，他们反对发展经济的努力。"反发展"，就像一根黑线，贯穿于全书之中。（恕我采用"文革"中的调子）

这两位先生反对任何形式的现代灌溉工程，哪怕能一年双收。理由是这样做将形成有利于蚊子和害虫滋生的湿地，从而增加了人们患病的可能性。谢谢这两位先生的菩萨心肠，不过中国如果听取他们的主张的话，12亿人中至少要饿死6亿（不是被蚊子咬死），而大力发展现代灌溉工程后，似乎也没有使中国大地变成蚊子的天下。

甚至使许多国家（如印尼）能"养活自己"的"绿色革命"也遭到他们的抨击。这些国家搞大型灌溉工程，生产出更多粮食用于出口更受到批判，说是为了生产这些粮食，就需要使用更多的杀虫剂和化肥——多么的深思熟虑，悲天悯人。事实是，绿色革命和其他开发计划，使印尼的人均国民收入从60年代的50美元增加到90年代的1000美元，尽管在同时期内其人口从1.15亿剧增到2.04亿。

一些过激的经济学者认为，"技术是用以实现奴役的工具"，"以发展的名义，引入技术和破坏性的机制将消灭人类"。所以他们反对现代大型农业企业。西德在肯尼亚搞了个"泛非蔬菜生产公司"，在800亩灌溉的土地上年生产18000t蔬菜，加上其他生产者提供的18000t，用以出口西德和其他欧洲国家。这样一件能给许多人带来工作机会、双方互利的事业，也莫明其妙地挨了抨击。

至于他们下面这句话更不必诠释了："在别的地方，用上了电灯，足以导致文化的崩溃。"看来他们向往的是做一个荷着锄头、点上油灯、日出而作、日没而息的羲皇上人，但这只是要别人去做，他们自己可不想这么做。

在这本巨著的"水坝、污染和粮食减产"一章中，颠倒黑白的伎俩更发挥到极致，他们说：

"总之，通过建坝来增加第三世界的水电 ●，为进一步的城市化、工业化过程提供能源，不但耗尽了需要用来生产救命粮食的土地和水资源，而且将引起污染，这又引起粮食减产和破坏渔业资源，从而进一步加剧了营养不良与饥饿"。先生们对第三世界人民的营养不良与饥饿如此关心，真叫人感动得泪下，可是字里行间生怕第三世界的城市化和工业化的心情也暴露无遗了。

总而言之，这些大人先生们提倡鼓吹的是重返原始和"零增长"的生活，这自然是"崇高的愿望"和"美好的目标"。如果人们都能脱去衣服进入森林，与麋鹿游，共仙鹤舞，住伊甸园，该是多么令人神往啊，但不知道先生们想过没有，现在世界上已有60亿"丑恶"的人类，而森林所剩无几，麋鹿和仙鹤更没有几只了，怎么去构筑伊

● 着重点是作者加的。

甸园呢？

于此，我们不禁想起中国一本古书上的故事：人们凿井汲水，很花力气，聪明人就想出并制造了"桔槔"（用杠杆原理来提水），这一来就省力了。但有位老人视而不见，仍然提桶汲水。有人劝他用"桔槔"，他回答说：我并不是不知道用那玩意可以省力，但这会使人产生"机心"，人有了"机心"，什么坏事都会做出来，我讨厌这个"机心"，所以宁可不用。

老先生的担心不是没有道理，要偷巧，就必然要使用"机心"——从这里也可以看出汉字之妙，一个"机"字，既可以意味着"机巧"、"机心"，也可连缀成"机械"、"机关"——确实，人们的"机心"不断膨胀，制造了桔槔以后，又造出了龙骨水车，乃至高楼大殿，弓矢枪炮，直到坦克车、核武器、巡航导弹和宇宙飞船，实在可悲。当年不搞桔槔就好了。但是世上有几个人能像老先生一样的"忘机"、"反机"呢，几个人的"忘机"又怎能阻碍得住历史前进的车轮呢。再从深处想，老先生所用的水桶，要以木片箍成，吊索要用麻皮搓成，无一不是"机心"所运的成果，真正要做到"忘机"、"无机"，水井也是不能凿的，水桶吊索更是不能用的，老先生只能躺在地下，等待老天爷下雨时张口饮水。

其实，学者们尽管竭尽全力地呼吁，他们的绝大多数是不打算脱下西装放下刀叉去过茹毛饮血的生活的。他们只是要求第三世界不要发展，这里就涉及反坝俱乐部中的第三类人——别有用心的政客。对于发达国家的政客们来讲，抓住环境问题来大呼小叫是最廉价的资本：一则显示他们如何高瞻远瞩、悲天悯人，对人类、地球和社会的极端热爱和负责，二来又可理直气壮地限制穷国的发展，以免对他们造成威胁，真是一石两鸟，妙不可言。

我们要无情地剥下这些道貌岸然的政治家的画皮，对他们来说，不会受到洪涝干旱灾害的威胁，不会拖儿携女去逃荒，更不会喝不上水去喝马尿。他们住在有空调和花园的幽雅别墅中，享用着牛排、三文鱼和咖啡，他们的最大问题是减肥。在酒醉饭饱之余，伸出指头来发号施令了："你们不能建坝，你们不得采煤，你们不要实现城市化、工业化……总之，你们不能发展。你们要发展，地球环境怎么受得了，你们将成为罪魁祸首，要送上法庭审判，你们的建设必须停下来，统统的停下来！"

对此，我们不禁要问，使今天的地球环境受到严峻挑战的罪魁祸首究竟是谁？是谁在几百年内通过奴役和掠夺别人，疯狂地糟蹋地球的环境使自己高速发展呢？又是谁目前以高于别人几倍几十倍的水平耗用着地球资源的？如果说要还债，应该由谁先来偿还？既然水坝的祸害如此之大，为什么不先拆除祸害了美国人已几十年了的哥伦比亚河、科罗拉多河和田纳西河上的水坝群，而光要限制发展中国家的建坝呢？

如果听从这些先生们的意见，把一切水利和坝工建设停下来，对发达国家、对这些先生是没有多少影响的。他们有别墅可住，有轿车可乘，有牛排可食，他们已有了一切，有了超过需要的一切，完全可以实现零增长。他们每人拥有 3kW 的电力（中国是每人 0.16kW）、每人每年消费着 3t 石油（中国是每人 0.12t），已经远远超过正常所需了。但是发展中国家的人民怎么办？是不是为了保护发达国家的既得利益而永远贫困下去呢？这个问题他们是从来不回答、也是不屑置答的，还是由我们代他们来回答吧："你们这些低等民族就这样过下去吧，谁叫你们繁殖得那么多，该死去的就多死一点吧，必要时我们也会施舍一点的……"，这就是高叫人权和环保的先生们的真实心理状态，事情难道不是如此的吗？

第三节　中国人民不允许江河自由奔流

对于国际反坝俱乐部上演的种种闹剧，中国人民既不参与，也不理睬。我们的立场十分明确，中国人民决不接受任何企图束缚我们发展的无理要求。至于说，让江河自由奔流，很好，但总不能让江河自由泛滥吧？而对河流来说，自由奔流和自由泛滥或自由干涸是同一个含义。事实上中国的江河已经"自由奔流"了几万几千年了，带来了血泪斑斑的历史：江淮河汉，灾难频仍，或是滔滔洪水，使三江五湖尽成泽国，千百万人民"或为鱼鳖"，或是骄阳当空，江河断流，赤地千里，颗粒无收，饿殍遍野，百万人的逃荒；或是险滩相继，恶浪滚滚，耗尽汗水，舟毁人亡；或是人民蓬头垢面，世世代代过着牲畜般的生活，乃至牲畜都饥渴死亡（这种情况在今天的中国灾区仍或可见）。对几千年来的这种苦难岁月，难道还能再继续下去吗？难道能听从那几位反坝人士的叫嚣而停止我们的水利建设吗？我们的回答将是明确和坚定的：中国人民决不允许江河自由奔流，而将进一步开展世无前例和史无前例的宏伟的水利建设，百折不挠地向改造自然、控制自然的目标前进。这一点在第二章中已经提到，在结束本书时让我们再重复几句。

中国人民将在新的世纪中修建更多更伟大的高坝大库，充分调蓄水量，全面整治大江大河，配合坚不可摧的数千里江堤和分蓄洪区，较彻底地解决特大洪灾问题，使两岸亿万人民安居乐业，摆脱几千年来笼罩在头上的洪魔阴影，解除持续干旱带来的赤地千里的威胁。中国要大力发展现代化灌溉工程，实施节水灌溉，使神州大地 20 亿亩耕地成为旱涝保收、高产稳产的粮棉基地，使全国农村农林牧副渔全面发展，使"灾荒"和"饥饿"成为永远逝去的噩梦，使古人梦想的大同世界真正出现在华夏大地上。

中国有得天独厚、举世无双的水力资源，从世界屋脊青藏高原发源的长江、黄河、怒江、澜沧江、雅鲁藏布江……挟带着无穷无尽的能量一泻千里地奔向大海。中国的水力蕴藏量达 6.8 亿 kW，年发电量达 5.8 万亿 kW·h，其中技术可开发量为 3.8 亿 kW，年发电量 1.9 万亿 kW·h，约折合 10 亿 t 原煤或 5 亿 t 原油；水电站运行 100 年，所发能量就相当于 1000 亿 t 原煤或 500 亿 t 原油，而目前全国探明的可采原煤是 1145 亿 t，探明的可采原油是 33 亿 t。到 1999 年底，中国水电装机已超过 7000 万 kW，列世界第二位，但其年发电 2000 余亿 kW 时，仍仅占可开发量的 1/10。中国将在 21 世纪兴建世界上最宏伟的水电站群，实现全国联网，把清洁、廉价、可再生的优质电能源源不断输往全国各地，成为世界上的头号水电大国。

中国的水资源在空间上的分布极不均匀，北方地区严重缺水，还有大量干旱、半干旱地区，连牲畜饮水都困难，生态系统环境脆弱，河道断流、湖泊干涸、草原退化、土地盐碱、森林萎缩、沙漠入侵，还有大片地区环境破坏，水质污染，江河湖泊都受影响，严重威胁着人们的生活和生存。中国在 21 世纪对环境要全面保护、整治和改造，要全力建设节水型社会，大力根治污染，充分治理和重复使用污水，实现跨流域的调水，在全国实现水资源的最优配置和调度，增加干旱地区供水量，恢复和重建遭受破坏的环境，坚决避免一些国家走过的开发破坏环境的错误道路，使华夏大地处处蓝天碧水、花香鸟语，走可持续发展的正确道路。

江河是大自然为人们开辟的天然通道，中国是最早利用水道通航的古国，中国江河可通航河流有 5600 多条，通航里程达十多万公里。但多少年来，滩险未除，泥沙淤积，流量变化剧烈，水深不足，严重妨碍了航运的发展。在 21 世纪，中国将依靠水库调节流量，依靠大坝增加水深，建设船闸、升船机使船舶过坝，改造船队，极大的提高航运量，降低运价。在中国大地上将出现五湖四海联成一体的航运网络，汽笛长鸣，巨轮如织，成为世界上航运事业最发达的国家之一。

……

总之，沉舟侧畔千帆过，病树前头万木春。无理的叫嚣阻挡不了滚滚前进的历史巨轮，中国人民不会放弃改造自然发展经济的努力，中国人民有权利过上适度消费、富裕而不浪费的生活。在水利方面，中国人民将修建更多更大的水坝——有的将是破世界纪录的高坝，中国人民要治理江河解除洪旱灾害的威胁，中国人民要全力开发得天独厚的水电宝库，中国人民要千里调水万里通航。用一句话讲，中国人民要控制每一滴水为人民所用。在进行上述努力时，中国人民会注意保护环境、改善环境。我们的口号是：要发展也要环境。发展是硬道理，环境是硬要求，中国人民相信在总结国内外正反经验的基础上，能够做到开发和环境保护相协调，走上真正的可持续发展的道路，一切悲观论调都是错误的。

我们任重道远，我们征途正长，但是我们的前景光明美好，胜利将属于勤劳勇敢智慧的中国人民。历史任务正在呼唤着中国的年轻一代。年轻人，举起你们的双手，迈开你们的步伐，继承从大禹以来多少志士仁人的优良传统，投身到伟大的水利水电建设战斗中来，将青春献给振兴中华的千秋大业吧！

参 考 文 献

［1］司马迁撰．史记．北京：中华书局，1959．

［2］顾浩主编．中国治水史鉴．北京：水利水电出版社，1997．

［3］陈宗梁编著．世界超级高坝．北京：中国电力出版社，1998．

［4］汝乃华，姜忠胜编著．大坝事故与安全·拱坝．北京：水利水电出版社，1995．

［5］杨庆安等主编．黄河三门峡水利枢纽运用与研究．郑州：河南人民出版社，1995．

［6］钱纲主编．二十世纪中国重灾百录．上海：上海人民出版社，1999．

［7］胡明思，骆承政．中国历史大洪水（下卷）．北京：中国书店，1992．

［8］马君寿编译．埃及阿斯旺高坝．中国三峡总公司技术委员会印，1995．

［9］陶景良著．三峡工程140问．北京：水利电力出版社，1994．

［10］潘家铮．三峡梦．中国水利，1991（1～2）．

［11］中国人民不允许江河自由奔流．世界科技研究与发展，（20）3．

附　　录

附录一　《三峡工程小丛书之发电》原著作题字

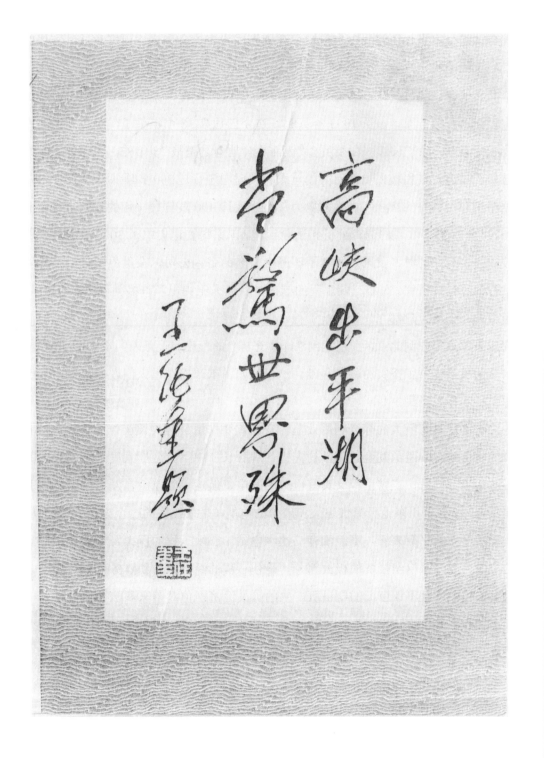

附录二　《三峡工程小丛书之发电》原著作前言

举世瞩目、亿众关心的长江三峡水利枢纽工程，已完成了可行性研究工作，正在由国务院进行审查，还将报中央审批和全国人民代表大会审议。国家对这座宏伟的、跨世纪工程的决策快要做出了。

和其他建设项目相比，三峡工程确实有些"不同凡响"。就以前期工作（勘测、规划、设计、研究）而言，从 1953 年算起，迄今已是第 38 个年头了。参与其事的人员何止千千万万。除了长江水利委员会❶锲而不舍地为之奋战 38 年外，1958 年，国家科委曾组织过近万名科技人员就有关的重大科技问题进行过 200 多项课题研究。1986 年，根据中央和国务院的指示，由水利电力部组织我国 400 多位第一流的专家进行全面的重新论证，又做了大量的调查分析和试验工作。国家科委也集中了 3000 多人配合进行科技攻关。与此同时，我国还聘请了国际上著名的咨询公司，在世界银行的指导下做了平行的可行性研究。关心三峡工程的国内外各界人士提出了许多问题、意见和建议，百行百业、千家万户都在议论三峡工程，促进了论证工作的深化。一批又一批的调查研究成果源源集中到北京，真正达到"汗牛充栋"的程度。千万人的辛勤劳动和汗水，为国家的决策提供了坚实的科学基础。这也说明中国政府在重大问题的决策上是何等的尊重科学和发扬民主！

三峡工程具有巨大的综合利用效益。它的首要作用是解决长江中下游特别是荆江河段的防洪问题，避免发生毁灭性的灾害，解除长江中下游两岸人民乃至国家、民族的心腹之患。同时，三峡工程又具有巨大的发电、航运等效益。在发电方面，它不但将向华中、华东、川东地区提供强大和廉价的电能（是最经济的一个方案），而且从全国能源和电力的平衡来看，不能没有三峡水电站。三峡工程的巨大发电效益和直接回收的电费，能分摊枢纽投资的极大部分，是使工程的经济评价和财务可行性得以成立的主要支柱，姑且不谈巨大的电量所产生的国民经济产值对国家和社会的贡献。一句话，"发电"是三峡工程综合效益中的重要组成部分，是三峡工程得以实现的关键因素，是促进我国电力工业走向结构优化、全面振兴的重要一步。

这些话是否讲得过头？确实，在长期的论证过程中，人们提出过很多怀疑或问题：

---

❶　以前名为"长江流域规划办公室"，简称"长办"。

为什么不兴建又快又省的火电站代替旷日持久的三峡水电站？为什么不用核电代替三峡的水电？为什么不用开发华中、华东地区的中小水电和长江上游的大水电代替三峡？三峡是座综合性水利工程，发电受到多种制约，电能的质量如何？系统能否接受？设备能否生产……等等。

　　本书就是为了解释这些问题而写的，同时也通过从发电这个角度对三峡工程作些简介。希望读者在读过这本小书后，能对中国特别是华中、华东地区的能源和电力的供需面貌，对三峡水电站的地位和作用有个轮廓的了解。要做到这一点，就不能"就三峡论三峡"，而必须从更大范围、更高层次的问题说起。所以，让我们从"能源"这个牵涉到千行百业、千家万户的课题说起吧。

作　者

1991 年 11 月 15 日

附录三 《千秋功罪话水坝》原著作代序

中国受自然条件制约，水祸频繁，水利问题很多很大。新中国成立以来虽取得巨大成就，离目标尚遥，新世纪中情况仍很严峻（1998 年洪水可说是敲了下警钟）。但现在青年人有志于水利事业的不多，从大学招生填报志愿中就可察见。一些著名的水利院系都萎缩、合并、撤销，实堪忧虑。作者真诚希望通过写科普书来唤起青少年对水利的关心与兴趣。但要以"水利"这个大学科来写科普实在太难，以"水坝"为题较容易写，也较有可能引起读者兴趣（尽管我估计对此有兴趣的读者也不会很多）。机会难得，所以作者希望利用本书（只要不是离题太远）多写几句关于大水利的话，引起人们一点忧患意识。这点心情，还盼能得到理解。

潘家铮

2000 年 1 月